[韩] 崔至恩 —— 著　　阚梓文 —— 译　　최지은

成为母亲的自由

엄마는
되지
않기로
했습니다

浙江教育出版社 · 杭州

只 为 优 质 阅 读

好
读

Goodreads

凡　　例

NOTES　○　●

本书内容源自2019年3月到11月的采访，受访者的年龄和婚龄以采访时的情况为基准。

为了保护个人隐私，笔者对部分受访者的姓名等个人信息进行了修改。

采访摘引中笔者的话用【 】做了标记。

通常“无子女者”指的是没有孩子的人，“丁克”指的是有意识地选择不生孩子的夫妻。但在本书中，笔者将“无子女者”作为主动选择不生孩子的已婚者，与“丁克”一词混用。

序　　言

PREFACE ○ ●

我本以为要到四十岁才可以聊这个话题。虽说并不是人到四十命运的表盘就戛然而止了，但至少那时我不必再烦恼，也不必再回头看，可以坦然地说出——我决定不做母亲。

那是一个下着微雨的夜晚，我在大厦的一楼大厅等姐姐下班。姐姐一从电梯里出来就快步朝我走来，接着就带我去了公司内的托儿所。三岁的小外甥见了妈妈开心得直跺脚，我略显局促地向他打了个招呼。下班时间涌向地铁站的人群像一朵硕大的云彩，姐姐牵着小外甥的手，而我推着空婴儿车一起向姐姐家走去。路程虽不算长，但一路上我们怕孩子摔倒、乱跑或是撞到哪里，精神时刻都处于高度紧张的状态。

中间我们路过离姐姐家很近的一家托儿所接上老二，手里牵着老大，车里推着老二，又穿过了一个地下停车场，竟觉得回家的路途异常遥远。回到家姐姐先给孩子们换好衣服，洗了手，自己的衣服才换了一半，就开始准备老二的辅食和老大的晚饭。接着我们又简单地煮了我带来的速食意大利面，草草解决了晚饭。

中间姐姐做饭的时候，我准备喂老二吃辅食，但他面对我这个笨手笨脚的陌生小姨，又哭又闹非常不配合。姐姐本来还非常有耐心地哄着，但见老二不停地大声哭闹，她便故作严肃地吼了一声，转过身去不再哄她了。此时我已筋疲力尽，半出神地呆坐在那里。本是替母亲的班来看一天小孩，实际上我也只能是字面意义上地“看”着他们，什么都做不了。

“啊，我好想回家……”

我暗自在心里想着。此时我早已筋疲力尽，精神恍惚。我怀念那个安静的家，怀念那个想躺哪里躺哪里、想做什么做什么（玩手机玩到电量耗尽，看电视看到自动睡着……）的家！

接着我又想，姐姐真是太辛苦了。在公司里从早忙到晚，回到家又要给孩子做饭、洗手、换衣服，然后陪孩子玩，最后哄他们睡觉，没有片刻的休息，可这样的日子竟然是她每天的日常。她一边陪老大聊天，一边安抚哭闹的老二，这期间只发了一次火，她是怎么做到的？我实在是做不……就在我想到这里的时候，刚才还抱着老二给他读书的姐姐朝我走了过来，对我说：

“你要是也生个孩子就好了……”

我？

我和姐姐一起生活了十五年，共用一个房间。我们在狭小的房间里打个地铺，摆两个枕头，刚好够两个人睡。从小我们很少起争执，就算吵架也大多是因为我——我先吃光了美味的零食，偷穿姐姐下了很大决心才买的衣服，或者是躺着看手机晃醒了要早起去上班的姐姐（有时候还打开电脑看看剧）。从性格到爱好，再到口味，我和姐姐没有一点儿相像的地方，所以老实说我俩也不是很亲密，但她至少比任何人都了解我是一个十分以自我为中心的人，此刻却劝我生孩子，她说这话是真心的吗？

那天我失眠了。姐姐和外甥们躺在占满一整个房间的地铺上，用身子歪歪斜斜地画着对角线。我看着酣睡的他们，心想：

生儿育女这件事真的特别到所有人都必须经历一次吗？我光是和孩子相处一个小时就已经累到筋疲力尽，虽然脸上挂着笑，但心里不停地念叨好想快点回家，而我之所以还能够强颜欢笑，是因为想到自己不必重复这种日常松了一口气。难道其中隐藏着我不知道的巨大的幸福密码吗？所以姐姐才会如此大费周章地劝我这种人生孩子？如果我错过的是一份世人都想得到的了不起的人生体验，那该怎么办呢？

就这样，我越想越多，越想越焦虑。

第二天一早，我半梦半醒地把老二送进了托儿所，又送走了老大，然后开始往家走，一路上我像完成了一份沉重的作业一样长舒了一口气，但同时我又有些忧伤。不做母亲的决定真的是一个错误的选择吗？难道我对这件人生大事所做出的决定太随便了吗？将来有一天我真的会后悔吗？我想问问别人的意见，我希望有人能告诉我这样的人生没有任何问题，我想确认有这种想法的人不止我一个。

我还没到四十岁，之所以下决心聊这个话题都是因为那个晚上。我想听听那些不会说“你生了就知道”的女性的故事，想听听像我一样决定不做母亲的女性的故事。在韩国，人们将结婚等同于生育，觉得没有孩子的婚姻生活是不完整的，认为一个不想生孩子的女人是冷血且自私的，我想知道在这样的社会中和我有着同样选择的女性正在过怎样的人生，她们有怎样的苦恼，她们觉得什么是幸福。为了认识“同一个星球”的人们，我决定开始行动。

要开始这件事情并不容易。差不多有一年的时间，我都在问身边的朋友是否认识结了婚但不打算生孩子的女性。朋友和家人自不用说，就连我常去的理发店的老板、在聚会上刚认识的女性朋友，甚至连没见过面的网友我都问了。虽说前同事和朋友里面也有几位已婚未育的女性，但我总觉得聊这个话题应该找一些新认识的朋友。我住在首尔，平日里不用去上班，是一名以写作为生的自由职业者，我想尽可能地去倾听各方面都与我不同的人们的故事。我想认识并亲眼确认这世上真的有无论在哪里做什么，无论过着怎样的生活，但就是不想成为母亲的女性。她们的故事是我无法预判的，而这也正是最令我感到好奇的。

这本书中登场的十七位女性，是我通过各种途径认识的，她们与我分享了为什么决定不做母亲这件事。将这些女性受访者各不相同的故事拼凑到一起，我逐渐看到了事情的全貌——一个女性决心成为丁克，是综合考虑了多种因素后所做出的决定。虽说我与她们见面的目的是倾听她们的故事，但在这过程中我也讲了许多自己的事情。过去没有人能跟我一起探讨“是不是只有我这样”的苦恼，但在采访的过程中，我得以倾诉自己的烦恼，也时常会因为自己不是一个人这件事，或者一句“这有什么大不了的”而得到安慰。这些女性在各自身处的环境中下定决心，并以各自的方式抗争着，我从她们的故事里获得了勇气，也感受到了我与她们亲密无间。

采访的过程很愉快，我在用笔记录下这些截然不同的经历和想法的过程中，一次又一次地突破了自己的边界，这又是一次美妙的经历。我想将这些女性的人生轨迹毫无缺失地呈现出来，我经常会因自己的不成熟和偏颇而迷失方向。她们耗尽半生时间才得出了这个周密复杂的结论，但每当我试图将它压缩并复刻到这狭小的纸面上时，都会担心自己会遗漏或扭曲一些事实。我不是学者也不是专家，很多时候都会因为自己无法更深入地、更多元地去论述如此有趣的主题，而深感遗憾。即便如此，我都比任何人更喜欢她们的故事，所以才能将这件事做完。这些女性是如此勇敢，如此坦诚，我定要将她们的故事呈现给世人。尤其是希望那些已经决定不做母亲，或是犹豫不决的女性能够看到这些故事，我想要告诉她们世上还有这样的人生，以及我们非常热爱自己的人生。在此向参与此次访谈的所有女性致以无法用语言表达的谢意。最后我想真诚地感谢各位情谊深重的朋友帮我认识了这些女性。

也要感谢我的编辑许琉珍女士，在我迷茫的时候给我建议让我能够找回状态，在我身边温暖地鼓励我，帮助我一点点地写完了全书。我的丈夫也给了我许多帮助，他同意我将我们二人的私事写出来，还始终如一地支持着我。而我最想要感谢的人是我的母亲和父亲，他们竭尽所能将一切都给了我。我从父母的身上学到的是，将一个人抚养长大是一件看不到尽头的劳动，是一场艰难的试验，是一个无法预判的课题，是一段特别的缘分。即便如此，我或许已经做出了不成为母亲的选择。

参与访谈的人

INTERVIEWEES ○ ●

我

三十九岁，结婚五年，做过十一年的文娱记者，现在是一名靠写作为生的自由职业者，和同为文字工作者的丈夫住在首尔。

度允

三十九岁，结婚十五年，小学老师，和同为教师的丈夫生活在京畿道城南市，家里有五只猫。

玟荷

二十五岁，结婚两年，丈夫是公司职员，现居庆尚北道某小城A市，家里有一条狗。玟荷结婚后便辞职在家，不久前取得了房地产经纪人职业资格证书。

宝拉

三十八岁，结婚五年，艺术工作者，和从事相同行业的丈夫居住在釜山。

善雨

三十三岁，结婚四年，曾是一位特殊教育老师，现在是女性组织工作者，和公务员丈夫住在江原道江陵市。

素妍

三十六岁，结婚十一年，律师，目前和丈夫一起生活在首尔，家里有一只猫。

秀婉

三十一岁，结婚两年，和公务员丈夫住在南太平洋的法属新喀里多尼亚，家里有一只猫。秀婉目前在法属新喀里多尼亚教当地人英语和韩语。

圣珠

三十三岁，结婚五年，曾在外企做海外销售工作，现跟随被外派至日本工作的丈夫居住在日本，同时攻读经营学硕士。

英智

三十九岁，结婚九年，现居庆尚南道统营市，家里有两只猫，丈夫在造船厂工作。英智开了一间兼做书店和读书会场地的写作教室。

柳林

三十八岁，结婚六年，医生，丈夫是公司职员，居住在京畿道日山市。

允熙

三十五岁，结婚九年，家住江原道江陵市，目前正在和丈夫准备创业开咖啡厅。

利善

三十九岁，结婚七年，插画师，现居首尔市，丈夫是个体经营者。

智贤

三十五岁，结婚七年，辞去了大企业工作的智贤在准备移民加拿大，和曾是同事关系的丈夫生活在首尔市。

在京

三十三岁，结婚五年，在互联网公司工作，和职业相同的丈夫居住在首尔市。

贞媛

二十七岁，结婚四年，现居忠清北道某小城B市，丈夫是公司职员，家里有两条狗。贞媛的目标是成为一名能够驾驭各种文体的作家，为此她利用业余时间开办读书课，以及在补习班当老师。

珠妍

四十一岁，结婚十年，公务员，现居釜山，和异地工作的丈夫过着周末夫妻的生活。

汉娜

四十一岁，结婚四年，自由化妆师，现居首尔市，丈夫是公司职员，家里有两只猫。

湖静

四十一岁，结婚八年，在互联网公司工作，现居京畿道龙仁市，丈夫是公司职员。

目录

CONTENTS

第三章　韩国是一个适合生育的国家吗？/ 151

一场围绕丁克女性的工作与生活的对话

第　一　章

CHAPTER 01

你百分之百确定要过没有孩子的一生吗？

一场围绕自我意识与母性叙事的对话

关于为母欲望的困惑

○ ●

某天我浏览社交网站的时候，发现了一条诚信女大护理专业的女权社团“NURCK”发布的帖子。帖子是一封发给出版社的邮件，内容是学生们对《女性健康护理学》这本专业教材中以男性为中心的叙述视角提出的质疑。在教材的选段中有一段话引起了我的关注。

> 许多女性认为人生中最重要的目标之一就是生育和照顾孩子。绝大多数女性都想成为母亲。[1]

我是该庆幸他们没有使用“所有女性”这一表述，还是该感谢他们写的不是“唯一的目标”呢？我出神地看了一会儿，然后滑向了下一页。这一页是学生们发给出版社的邮件，邮件中她们对教材中的性别歧视问题提出了质疑，并谈及几年前这本教材的书名还是《母性健康护理学》。现在可是二十一世纪！令人感到欣慰的是，出版社表示会在修订教材时，商讨修改或是删除相关内容。我们身处的这个世界走过了数千年，又近在眼前，所以有些东西反而容易被忽视，但如今，这个世界出现了裂痕。一方面，我十分感谢女性能够向前迈出这一步；但另一方面我又反复读着那句话，许多女性读到过、学习过、相信过，甚至被这句话迷惑过——绝大多数女性都想成为母亲。

坦白地说，我不生孩子的最大原因是育儿成本太高。

过去我从未想象过和一个孩子在一起会是怎样的画面，现在反倒变得有点无法理解生孩子的人。

我最后一次问自己的问题是："我有一个能生育的器官，我可以不使用它吗？"

我并没有决定不生孩子，可是我很看重自己的工作。假设我做一件事有一百分的精力，一旦有了孩子我就要花九十分的精力在孩子身上，只能留十分的精力给其他事情。从现实的角度来看，我无法同时做这两件事情。

我不知道为什么要生孩子。事实上不生才是正常情况，我们应该问为什么要生孩子，所以"你为什么不生孩子"这个提问本身就很离谱不是吗？关于"为什么要生孩子"这个问题，我真的思考过很多次，也问过很多人。但我始终没能得到一个能让我想明白的回答。

我不是很喜欢孩子，甚至说很讨厌，哪怕看到朋友的孩子都会表现出轻微的抗拒，更说不出“真乖”这种话。所以假如我有了孩子，我并没有信心会对他好。我看到身边有孩子的朋友都非常辛苦，甚至失去了自由，这让我感到恐惧。我喜欢喝酒，喜欢抽烟，还喜欢跟朋友在一起，但如果有了孩子，这些都做不成了。

我很关注环境问题。地球已经人满为患了，非要多这一个人不可吗？……就像最近几年我们总担心食物中会有微塑料，因此在这个严重污染的世界上活着，并非一件简单的事情。无论是为了环境，还是为了下一代，我都不认为将一个生命带到这个世上是好的选择。

我接触过很多女性，她们有的不想成为母亲，有的想成为母亲但更想做其他事情，在这个过程中我了解到一件事情——所谓“不生孩子”的选择可以是一段过程、一种结果、一个疑问，或是一种人生态度。这世上没有什么所谓的决定不生孩子的瞬间，也没有人从一开始就明确决定不生孩子。有的人依然还有可能改变不生育的想法，即使是那些相对明确地表示不想生育的女性，也曾经历纠结和犹豫的时刻。因为各不相同的理由和复杂的人生轨迹是相互交织的。

但我偶尔会想起某个瞬间，那是在筹备这本书时发生的事情。当时我的体温忽高忽低，就像六年前做子宫内膜异位症手术时，注射抑制女性激素分泌的药剂后所发生的事情一样，当时本来规律的月经也推迟了。于是我去妇科医院做了血液检查，三天后我收到了医院发来的短信，上面说我的激素水平过低需要复查。难道是提前闭经？如同先从最坏打算开始做起的现代人一样，我在去医院之前也通过搜索引擎接触到了大量消极信息，想了许多不好的事情。网络上说这种情况可能很难自然受孕，那我一辈子都不能生育了吗（当时我已经顾不得想试管手术了）？所有人（当然不是）都会经历怀孕、生产、育儿，而我却不能，我和黑寡妇[2]一样伤心。我的泪水在眼眶里打转，为何在这悲伤的时刻，我却是孑然一身，没有任何人在我身旁安慰我！

过了一会儿，我恢复了理性（难过的时候果然还是要吃面包）。我一个本就不打算生孩子的人，却因为“有可能”难以生育而难过，这是为什么？前一秒我所感受到的失落，并非来自我的内心，而是来自这个社会用尽一切手段灌输给女性的一种虚假的情感，即“每个女性都应该成为母亲，这是一个女性生命中最好的祝福”。我首先决定不再继续自我怜悯。一个月后，我又做了一次血液检查，然后去见了医生。医生说尽管不是提前闭经，但我的卵巢功能低下，问我是否有怀孕的计划，我回答医生没有。医生给我开了能够调节荷尔蒙的口服避孕药（处方药）。这对我来说没有任何改变，除了如今包括避孕套在内我需要使用两种避孕措施这件事。“绝大多数女性都想成为母亲”这句话中的“绝大多数”到底是十人中有九人，还是一百人中有九十九人？“绝大多数”作为名词，意为“数量和占比超过半数，接近全部”；作为副词，意为“普遍情况”，但我似乎不属于普遍情况。我不是很想成为母亲。虽然我能想象得到成为母亲就能够去期待那个不确定的未来，并且也有可能获得幸福，但我找不到任何能让我不顾一切地冲进这场冒险的理由。我偶尔也会感到遗憾，因为我将无法体会和感受到育儿过程中那种辛苦、炽烈、丰沛的感情和经历。但我也知道自己无法忍受那种每天都要给孩子喂饭穿衣、陪他说话、照顾他的生活。那种真切地为孩子的人际关系、校园生活、特长爱好和未来发展而焦虑、难过、开心的日子，我可能会感到厌烦，也可能会感到无比幸福。但我不希望自己的人生中闯入一个会令我动摇的入侵者，这样我会感到不安。我想应该有曾和我怀抱同样想法，但在面对生育抉择时动摇的人。她们的世界应该更广阔、更丰富吧？我再次陷入了思考。就算是这样，我也做不到。

为了写这本书我采访了许多人，她们之中的“绝大多数”与其说和我有类似的想法，不如说和我有许多不同更为恰当，但我依然能够理解她们决定不做母亲的原因。我想要将那些不具有“普遍性”的故事，讲给其他不想成为母亲的女性听。

不要害怕，不要动摇

○　　　　●

我是一个有网瘾的人，我几乎只能通过网络来了解丁克女性真正的苦恼，以及她们鲜活的、真实的经历。我所读过的网评中，那些纠结是否要成为母亲的女性几乎都会写下诸如此类的话：

> 只有百分之百下定决心的人才能选择丁克。
>
> 如果你不确定要不要生，那就选择生。

当我下定百分之九十五的决心决定不生育时，令我感到无比混乱的就是那个所谓的“百分之百”。她们说的是真的吗？只有那些不留任何退路的人，才能将丁克进行到底，并且过得很好吗？像我这种没有达到百分之百的人，最后会因为错过生育期而后悔吗？这世上的丁克夫妻真的都是下了百分之百的决心，才决定丁克的吗？那些不想生却又苦恼生还是不生的人，还是想要生孩子的人吗？

度允

二十多岁的时候，我抱着这种心态生活——可以选择不生孩子，但不是绝对不生，无论何时都可以改变想法，所以要积极地看待这件事情。那之后我不断地因“生孩子”这件事而纠结。真的没关系吗？如果我永远没有孩子会怎么样呢？但我逐渐确定的是，那不是我要的生活。我不认为生孩子会让自己变得不幸，生孩子或许会变得幸福，但那份幸福不属于我。

在所有受访者中，结婚十五年的度允是婚龄最长的人，婚前她和搭档很默契地在丁克这件事上达成了共识，他们对现在的生活很满足。即便如此，度允依然说自己曾经很长一段时间都在为是否生孩子这件事苦恼，当她说出这句话的时候，我感觉自己终于找到了那句令我郁结已久，到了嘴边却不知道该怎么表达的话。

我们生活在这个将“生育儿女”视作标准答案的社会，甚至连对答案提出疑问的声音都很容易被消音。“你要是纠结，那就生。”他们将这句话砸向正苦恼是否要生育的女性，意在让对方立刻放下犹豫——与其在审视内心上浪费时间，不如顺应“常理”。他们假借通透之名，不断地劝说丁克夫妻：“这夫妻之间的感情啊，有时好，有时坏，如果感情不好还没有孩子，这婚姻也就到头了。”

对于这句话，度允笑着回应：“感情不好的时候，如果没有孩子，就能够更顺利地离婚，寻找新的幸福了。”

柳林

我前半生从未辜负过他人的期待。认真学习，努力工作，虽晚但也结婚了。我的人生从未偏离过轨道，所以我非常艰难地选择了走上丁克这条少有人走的路。说得严重一点，我在困惑什么是“正常”。然而我害怕一旦有了孩子就会失去自主性，甚至只能以一种“身份”生活。我十分渴望自由与独立，所以我的内心同时出现了两个声音，一个说：“遵从你的内心就好。”另一个说：“尽管那是个未知的世界，但成年人就要勇于尝试吧？”我也动摇过，有一段日子我没有采取避孕措施，心想：就算怀孕了也不要放弃这个孩子，我会把他生下来，然后接受他。

湖静

我对自己没选的路总是抱有某种执念与悔憾。也就在半年前，我在路上看到可爱的小孩还会伤心流泪。或许是因为更年期快到了，要是哪天工作特别累，我就会想：人生的意义是什么？为什么要上班？小孩那么可爱，为什么我没有孩子？有时候我会一边想一边哭着睡着。即便如此，我依然确信自己不想成为母亲，但可能这种心情很难描述，就好比情感上我会想很多，但我依然百分之百确定自己要过没有孩子的生活。有时候我会边哭边想“好想有个小孩”，但那都只是转瞬即逝的情绪，大多数时间我并不会去想有个小孩到底是什么感觉，因为人与人之间的关系和人的欲望可以是多种形态的。即便如此，我看到小孩还是会因为他们太可爱而烦躁不安，这种时候我就会想：那又怎样。（笑）

在生育这件事上，柳林感到混乱，湖静觉得烦躁，这两种情感我都不陌生。因“生育”而产生的理性与情感、欲望和决断互相交织在一起，仿佛只要我稍有动摇，就会做出不同的选择。有时我的脑海中会有两种想法相互斗争：“我可以一直按照自己的心意活吗？”以及“我有必要进入这场不知将持续多少年的艰苦旅程吗？”每当我看到讨人喜欢的小孩，就会瞬间蹦出许多想法：“他可真可爱，我哪天要是突然想养一个这样的孩子该怎么办呢？现在是最后的机会吗？不，太晚了！你能每天给他喂奶换尿布吗？”可那又怎样呢！

然而，我觉得比起下定“百分之百决心”的故事，与动摇有关的故事更为关键。因为前者如果运气好的话，几乎不需要听别人的故事。假如能够自始至终坚定地选择不生孩子，那将会是件十分值得庆幸的事情，但即便是做不到这一点的女性是否也需要有足够的时间去集中审视和思考自己内心的焦虑呢？

由美国作家梅根·多姆编撰的《最好的决定》中收录了十六位没有选择生育的作家（女作家与男作家的比例是13：3）的故事。其中一篇文章的作者是精神分析学家珍妮·赛佛，1989年，四十二岁的她在杂志上发表了一篇名为《仅以个人意志为思考与决断标准的前提下，我选择了没有孩子的人生》的文章[3]。二十五年后，六十七岁的她作为未生育女性引用了之前的文章，并表达了自己的心情：

> 如今我正处于需要做出人生中最艰难、最孤寂抉择的最后关头（绝经前，我保留了选择权并静待这一刻的到来），彼时我哭着写下了这段话。这篇文章印成铅字刊行的那一刻，我意识到我的抉择成了无法改变的既定事实，我再次泪流满面。[4]

向全世界宣布自己将选择“没有孩子的人生”并为此落泪，可能看起来很奇怪，但我在读到这段话时感受到了她内心的矛盾，泣不成声。选择不生孩子是一个非常孤独的抉择。就连对孤独几乎免疫的我，都偶尔会因为做出这个抉择而感到一阵突如其来的孤独。即便可以和配偶商量，但做决断的人只能是自己。即便经历过升学、就业和结婚这些人生大事，我依然觉得这个能够左右今后人生的抉择是一个沉重的人生课题。临近做出抉择的最后关头，而且做过这个课题的人很少，这些都令我感到孤独。有的受访者说倒不如天降一个孩子到家门口，还有的说倒不如被诊断为不孕来得痛快些。因为探索这一课题的过程太过痛苦艰辛，所以她们才会产生“倒不如”的想法，并希望以一种被剥夺自我意志的方式来被动地选择是否要成为母亲。

珍妮·赛佛说需要持续不断的努力才能够维持没有孩子的人生，这句话揭示了为什么反复动摇是不可避免的事情。一直以来，我们接受的教育告诉我们，成为母亲、养育后代的人生才是需要不断努力的（尽管歌颂这种努力的人甚至不曾帮母亲给孩子换过尿布），这是我们人生的必修课。这个社会认为不生养孩子的女性是自私的，指责她们没有尽到本分。关于丁克女性所受到的来自各方的压力，珍妮·赛佛是如此概括的：

> 在这个根本性问题中，复杂地纠缠着自己的过去、社会期待、女性气质、人生目标等因素，若要在其中做出某种选择，必然需要将自己的所有意志力投入其中。一个人若要选择与常理背道而驰的道路，必定要有这种觉悟。[5]

珍妮·赛佛带着这种觉悟经历了五年剧烈的内心斗争后，终于迎来了转折点。

> 实际上，我并不是想要一个孩子，我想要的是“想要生孩子”的心情。

直到现在我也不确定自己是否已经百分之百决定不成为母亲（现在大概有百分之九十八）。但如今我觉得那并不重要，因为我已经能够正视所谓动摇这种再自然不过的情感——原来不只是我会动摇——仅凭这一点也能让我充满勇气和力量。

生儿育女不是电视剧

○ ●

我是从刚生完头胎的朋友那里知道“恶露”这个词的，那年我三十二岁。虽然女性朋友们开玩笑说，怀孕唯一的好处就是不用来月经，但分娩后极大可能会经历长达一个月的子宫分泌物脱落排出，这是此前我从不知道的。据说麻醉清醒后会疼到无法自己去卫生间，而且不只剧痛，似乎身体还会发生许多变化。甚至听说开始喂奶之后，便秘会加重，而且手腕和指关节会疼到连键盘都敲不了。那些我知道得越多就越不想知道的消息不断地传到我耳中，我因此产生了比起育儿，更想远离怀孕和生育的想法。

结婚前我虽然不算特别健康，但一直以来也没生过什么大病，可就在结婚前一年，我做了一次子宫内膜异位症手术。虽说手术不大，很快就恢复了，但为了防止复发，我打了抑制荷尔蒙分泌的针，自那之后身体状况大不如前。简单说就是提前经历了更年期，体温不稳定，严重失眠，甚至记忆力直线下降。即便不是直观感受上的身体不适，但我的身体状态变差了，我觉得自己果然还是不能怀孕。如今哪怕无事发生都觉得十分疲倦，而一想到要以更糟糕的状态生活数月我就觉得心烦意乱。

就像我间接地从朋友那里得知怀孕和生育的“真相”一样，在女性居多的小学工作的度允也是通过同事的经历了解到怀孕的艰辛的。

度允

我是五班班主任，还记得那时候四班和六班班主任几乎同时怀孕，那天班里正在上课外活动课，当时我在办公室，突然传来了其中一位班主任从课堂上冲向卫生间的脚步声。当时我以为那是电视剧里看过的害喜，就是那种毫无预警地捂住嘴“呜”的一声，正想着就真的听到了呕吐的声音。我很担心她，但又怕学生们被吓到，就想着要不要先去帮她上课，没想到她很快处理好回到了教室。我心想，她应该很累吧。没想到几分钟后另一位班主任也跑去吐了，紧接着之前吐过的班主任又冲了出去。其中一位老师临产前患上了孕期瘙痒症，她说自己身上很痒却又不能挠，非常痛苦。生过孩子的老师们说“再忍忍，生完就好了”，她们只能忍受着身体的不适上课，可教学生又要花费大量精力，我当时心想：唉，这事我可做不来。

韩国人知道害喜大概都是看了KBS（韩国广播公司）某部周末剧的大结局。那是非常普通的一天，一家三代人聚到一起吃饭，孙媳妇突然捂住嘴发出“呜”的一声，接着就起身冲向了卫生间，家族里的老人们说这是大喜事，说害喜是家族繁盛的征兆。由于电视剧接近尾声，最后也只出现了捂嘴发出“呜”的一声这一个场景。他们不提终日与孕吐相伴是件多么痛苦的事，也不提怀孕后一个纤瘦的人除了腹部隆起还会经历的诸多身体变化，更是绝口不提孕中后期因膀胱受压迫而不停地去卫生间，甚至睡不了一个整觉的折磨，还有其他各种不适反应……取而代之的经典叙事是妻子怀孕后变得敏感、情绪反复，丈夫为了给这样的妻子深夜出门买夜宵而苦不堪言，再然后就是孩子出生摆周岁宴。

宝拉

我害怕生孩子，害怕生产时的痛苦，而且生孩子还有生命危险。所以我特别不喜欢电视剧里女人生之前会对丈夫说的那句话——要是出了什么事，我死不足惜，但千万要保住我们的孩子。当然男人们会求医生救救妻子，但通常最后活下来的都是孩子，并且还要把这件事包装得特别伟大。所以每当我跟丈夫看到这一幕，我都会问他：“如果是你，你会怎么做？”丈夫会说：“哎呀，我当然是救你啦。”但我还是不禁心想，那种情况下他会放弃孩子，选择处于昏迷状态的我吗？想到这里我就让他做出承诺一定会选我。（笑）

我想我大概能够理解为什么宝拉明明不想生孩子，却又会有那样的想象。因为我们所处的这个社会，一边称颂着女性在生儿育女的过程中所要经历的身体痛苦和牺牲，一边又将这件事看得不值一提。有些人义愤填膺地指责地铁里设置孕妇专座是种逆向歧视，指责选择剖宫产而非顺产的女性缺乏母性，甚至试图让那些不能或是不想母乳喂养的女性产生负罪感，在他们眼中怀孕就是对女性的惩罚。

令我感兴趣的是，就连决心不生孩子的宝拉在得知自己有可能无法生育的时候，也产生了一丝动摇。那时宝拉罹患的子宫内膜异位症引起了卵巢囊肿粘连，这加剧了她的病痛，不得不接受手术治疗，而下面这件事就发生在那个时候。

宝拉

手术前住院医生告诉我如果输卵管堵塞就要进行切除，那么今后可能很难自然受孕，一听这话我顿时心里一紧。虽然在那之前我说过不想生孩子，所以切了也无所谓，但当我穿上病号服开始输液以后，医生再跟我说这话，我的心里开始变得五味杂陈。我问医生："假如两三年后我想要孩子该怎么办，我不能怀孕了吗？可我不想做试管啊。"丈夫听了这话说道："我看你不是因为有可能无法怀孕才这么说的，而是一听说要切掉器官觉得很失落。"听完这话我心里好多了。可是当我躺在手术台上打了麻药之后，就在"十、九、八、七……"倒计时数到最后一个数字的那一瞬间，我又再次确认了一遍："您说要切除输卵管对吧？对吧？"我还记得当时麻醉后半梦半醒之间，我嘴里还不断重复着"这有那么重要……吗……我为什么要这么……我真的不在意吗……”（笑）结果后来没有切。

就我的观察来看，即便是那些不想生育甚至不打算结婚的女性，过了三十五岁也多少会在生育问题上苦恼。因为她们担心今后想生却生不了，而此时冻卵就成了一种获得心理安慰的对策。

素妍

三十岁之后，随着年龄的增长，我变得十分焦虑，因为现在我必须开始考虑是否生育这个问题了。就这个问题我跟丈夫聊了很多次，他也认真地了解了冻卵技术。《生命伦理法》规定，冷冻受精卵最多只能保管五年，但由于冷冻卵子相关的立法不完善，法律上并没有规定冷冻卵子的最长时限。从理论上讲，现在采集并冷冻我的卵子，那么假如将来做出了人工子宫，就可以采集精子并使二者结合成为受精卵。因为代孕涉及人类伦理问题，所以我并不考虑。我没有生育的欲望，但之所以想要冻卵，一是考虑到“如果是和他的孩子，或许可以生一个”；二是觉得不生很浪费自己的基因。可是取卵的过程十分痛苦，而且据说之后受精、着床然后怀孕的成功率只有百分之七。虽说可以接受每年几十万韩元（约几千元人民币）的保存费用，但如此低的成功率让我觉得这件事没有意义，所以最后放弃了。（笑）

素妍在全面了解之后，因现实原因放弃了冻卵的想法。和她一样，我所接触的未育女性都会在全面考虑自身情况和生育的关系之后，冷静地做出判断。而其中最为重要的就是体力和健康因素。

在京

我能够掌控自己的身体状态，因为一直以来我都有坚持运动的习惯。我身边很多朋友生完孩子以后，身体每况愈下或是患上疾病，她们最常跟我说的话就是："要是我生孩子之前能像你一样上上私教课，或是提高一下体力就好了。"毕竟这世上不是所有人都身强体壮，而且我们也无法预判孕产的过程中会经历多少艰辛。所以我实在难以理解为什么大家明知如此，还要将生育当成一件理所当然的事情。

汉娜

我患有纤维肌痛综合征，肌肉长期处于紧张状态，很难放松，还会伴有撕裂般的疼痛。通常早上醒来后感觉像挨了一顿揍，必须立刻服药缓解。要生孩子就必须先停药，可一旦停药药瘾就会发作，不停地冒冷汗，全身发抖，无法正常生活。我不想为了生这个孩子去承受这份痛苦。

我很欣赏汉娜面对生育的态度，她并不觉得为了成为母亲，自己就要理所当然地承受备孕过程中的痛苦。和所有生理上的疼痛一样，孕产过程中所经历的痛苦和体力下降只能由自己承受。

但我想说的不是既然无法逃避就去享受它，而是如果你想逃离就尽管逃离。值得庆幸的是，随着越来越多女性的孕产经历被人们看到，更多的女性似乎因此可以选择拒绝生育。贞媛对儿童学博士全佳日所著的《孕后女性是如何被边缘化的》和作家宋海罗所著的《我不是孩子的搬运工》印象深刻，她是如此表达自己的观点的：

贞媛

怀孕会给女性带来很多麻烦和痛苦，这让我打消了怀孕的念头。

关于终止妊娠的思考

○ ●

“堕胎不是权利，是杀人。”

“从怀孕的那一刻起他就是一个生命。”

“爸爸妈妈救我！”

2019年3月，我参加了在宪法法院门前进行的就推动判定堕胎罪违宪的一人示威[6]。这是一场接力示威，目的是在4月11日进行的堕胎罪违宪审查诉讼之前，展开一场“为了所有人而进行的废除堕胎罪联合行动”。当天上午我抵达宪法法院的时候，法院门口已经聚集了一群举着牌子的中老年人，他们中有男性也有女性，牌子上贴有“反对堕胎合法化”的标语和放大的胎儿超声照片。讽刺的是，在这场以女性权利为主要议题的示威中，音量最高的却是老年男性群体，尽管这早已不是什么新鲜事了。

“支持堕胎罪”的一方聊得火热，还彼此分享着各自带来的食物，与他们相比，“我方”在组织方面仅将每两人分成一组，每三十分钟交替举起写有“堕胎罪违宪”的牌子，这种对比让我觉得“我方”的示威行动多少有些简陋和薄弱。看到对方如此热情、有组织，我不禁产生了我们能否在法庭上合理陈述观点的疑惑。就在这时，一名身着超人服装、拿着手机直播的男性朝我们走了过来，并将话筒递到了我面前，但我拒绝了采访。紧接着，他就转而向站在我身边举着“支持堕胎罪”牌子的女性发起了采访邀请，这位女性看上去三十岁出头，只见她腼腆地笑了笑并指向男性老年人，说：“请您去采访他们，我只是孩子的妈妈，不太会讲……”

说来也奇怪，那天最令我惊愕的就是“我只是孩子的妈妈”这句话。我非常想知道，在这位“支持堕胎罪”的母亲眼中，她自己与选择堕胎的女性之间的距离到底有多远。

尽管决心不生孩子也为此坚持避孕，但如果还是怀孕了要生下来吗？关于这种假设，我想象过很多次，尽管面对意外到来的孩子我很难欣然接受，但若要让我“杀死”这个小生命我也会抗拒。“这是在指引你生下孩子。”虽不知这指引来自何方神圣，但听完我不由得产生了一种为求心安须得顺势而为的想法。

采访者：有没有想过怀孕了怎么办？

受访者：如果已经采取了严密的避孕措施却还是怀孕了，我认为这或许是在指引我生下这个孩子。

采访者：接下来会发生什么？

受访者：就埋怨上天和命运不公呗……

采访者：（笑）你对堕胎怎么看？

受访者：这就完全取决于产妇本人的意愿了。首先，堕胎罪太荒唐了，必须废除。

采访者：你面对意外怀孕的第一反应不是打掉他，这是为什么？

受访者：该怎么说呢，我认为那是种宿命。如果避孕已经做得很彻底却还是怀孕了，那我还有必要打掉这个孩子吗？事实上我有两个朋友做过堕胎手术，她们说精神上很痛苦，而且始终感到很愧疚。但当我再次被问到这个问题时，我觉得现在的我可能会选择打掉孩子。

受访者：我是天主教徒，我所在地区的教会普遍强制教徒在反对废除堕胎罪的文件上签名。但假如抛开宗教不谈，仅从性上面的女性自主决定权来讲，我认为应该废除堕胎罪。虽然从宗教的角度看来堕胎有罪，但我无法理解为什么连社会都要对此进行处罚。宗教的教义是宽恕，但在堕胎这件事上我感觉它有双重标准。

采访者：如果你现在怀孕了，你会怎么做？

受访者：我跟丈夫讨论过这件事。我问他假如我们已经采取了严密的避孕措施却还是怀孕了怎么办，他问我，那这孩子难道不就是娃娃将才[7]吗？还说，那不就是天使报喜[8]？（笑）总之，如果事情到了那一步，我可能会生下这个孩子。

采访者：支持废除堕胎罪是因为不想给别人定罪，那么你不主动选择终止妊娠是因为你是天主教信徒吗？

受访者：是的，虽然我认为不该判定一个人犯堕胎罪，但我自己不会选择堕胎。

听到“指引”和“娃娃将才”的那一刻我忍不住爆笑，因为我非常明白受访者在说什么。当时我在想，与是否想要生育无关，传统观念里的“必须生”已经根植于我们的潜意识并以此支配着我们，而我们正在与这种支配做斗争。虽然我也没有生育的想法，但如果这个孩子是“找上门的”，准确来说正因如此这个孩子才更特别，更有其存在的意义。但我在和受访者聊天的过程中懂得了一个道理，最重要的是本人的意愿，以及长久守护这个孩子的信心。

众所周知，堕胎不像吃饭那么简单，但我偶尔会遇到问“做过几十次流产手术会变成什么样”的男学生，这是因为他们十分缺乏对这个问题的认识和了解。我这一代人小时候应该都看过电视剧《M》[9]，所以我以前会下意识地以为只要做了流产手术就会变得像电视剧里演的那样可怕。这事如果放在过去，如果我正苦恼该不该生孩子的时候突然怀孕了，那估计我一定会把孩子生下来抚养。但若是现在，我想我不会生。我难道不可以做出其他选择吗？我并不想把“生育”奉为一件神圣的事情。

我初中时看完《M》，也曾相信堕胎是件非常糟糕且恐怖的事情，直到成年后接触到了女权，我才摆脱这种思维。然而哪怕是近几年的韩国影视剧里，也偶尔会出现烦恼该不该打掉孩子的女性。她们不得已来到妇产医院决定做人工流产手术，当她们看到超声图的那一刻会潸然泪下，并产生诸如“天哪，难以想象这小天使竟是我的孩子”或是“孩子啊，我是你的妈妈”的内心独白，然后决定放弃手术。即便是将人类的性命视为蝼蚁的杀手也是如此。判断女主角是否有“人性”，就看她在艰难的状况下是否能够守护胎儿的性命。相反，人们认为只有极度自私的“毒妇”才会杀死腹中的胎儿，或是弃养孩子。如果一个善良的女人做出了弃养这种事情，那么她将在经受悔恨和忏悔的折磨后，与被自己抛弃的孩子重逢，并以眼泪来求得对方的谅解（而此时谁又会在乎爸爸去哪儿了呢）。堕胎对于女性来说是耻辱、罪孽，是必须为此付出代价的恶行，算命之人就是利用女性顾客的这种想要安抚“婴孩灵”的心理，制造出诸如祈祷法事或是巫蛊之术来赚取她们的钱财。

然而我从两位经历过人工流产的女性那里所了解到的故事却并非如此。

> 当初我和丈夫本以为已经采取了很彻底的避孕措施，但就在婚前几个月我却意外怀孕了，所以我拿掉了那个孩子。当时丈夫希望我生下来，但我不想生。【采访者：通常这种情况下，大多数人不是会想反正都要结婚了，与其拿掉这个孩子，不如将婚期提前然后生下来吗？】我已经记不清当时

是怎么想的了，只记得自己经历了十分痛苦的挣扎后才做出了抉择，我想那大概是我身处绝境时的本能反应。简单来说，就是当时我认为那才是正确的选择。如果婚后我因避孕失败而意外怀孕，我可能会选择生下来。虽然我和丈夫的状态和以前相比没有区别，但既然已经结婚了就应该生下来。前阵子我的月经迟来了几天，在等待验孕棒显示结果的时候我十分焦虑。所幸当时没有怀孕，如果我在这件事上如此焦虑，那还是不生比较好。

听了她的故事，我感受到了一个人相信自己并靠自己做出判断是一件非常重要的事。我认为没有什么比将一个生命带到这个世上更难以预测、更难以善后。然而令人意外的是，如果一个女性即将走入婚姻或是已经结婚，她不想生下这个孩子的意愿就会被看作一件“不重要的事”。这是因为生育是与结婚捆绑销售的产品，任何一个质疑或是抗拒此产品的女性都会被打上异类或有违纲常人伦的标签。在堕胎被《刑法》定义为“犯罪”的国家，女性更要为此承担变成犯罪者的风险。[10]我们的社会传统观念认为家人是最重要的，这些观念围绕在女性的身边，使得她们没有任何喘息之机以做出抉择，甚至根本无法做出判断。然而我采访的这位女性敢于直面痛苦并选择适合自己的道路，这种捍卫人生的方式非常值得尊敬。

我和丈夫登记后正式开始同居，那之后没多久我就怀孕了。那个时候，以我们的状况完全无法抚养孩子，所以怀孕第五周的时候我做了人工流产手术。【采访者：刚得知自己怀孕的时候你是什么反应？】说出来您可能不理解，我当时很开心。那时是孕早期，身体没有什么变化，我知道自己怀孕后只觉得非常奇妙。我本就是个看到自己种的豆子发芽都会感到惊奇的人，更别说是有了和所爱之人的结晶。但当时我和丈夫都觉得我们的状况实在不允许生养孩子。我们根本无暇自责或是考虑别的，只知道那是我们必须做出的选择。【采访者：手术的时候你痛苦吗？】我还记得医院每个环节都很小心，医生也只是问我："这是个非常无奈的选择，你有谨慎思考过吗？"没有任何人用怪异的眼神看我或是对我指指点点。【采访者：法律对堕胎的女性和实施手术的医生有很严厉的惩罚，据说有些组织会专门调查哪家医院做了人工流产手术，然后举报。如果你当时遇到这种情况，会怎么做？】应该会很小心吧，但即便如此我也不会放弃寻找能做手术的医院。因为我别无选择。我想起来当时医院给了我一份文件，法律规定了几种允许堕胎的特殊情况[11]，我需要在那份文件上签字以表明我符合其中一种情况。【采访者：手术后发生了什么？】网上说女性手术后会非常痛苦，但我当时没有想象中那么痛苦。我是孕早期做的手术，或许如果晚几周，身体发生更多变化后再手术感受会不一样，不知道是不是因为手术的时候他还只是一个胚胎。我们当时真的没法养孩子，反倒是生下来会觉得更对不起孩子。所以我只是隐约觉得“这样是不是不好”，倒是没有留下什么心理阴影。

那天我和她一边吃午饭一边进行了上面这段对话。她还说道：“知道自己怀孕的时候我很开心，但我并不会因为做了人工流产手术而感到自责。”我并不觉得说出这话的她很奇怪。她非常理性地做出了对自己、胎儿以及配偶最好的决定，而且也没有被自怜和内疚的情绪所吞噬。

澳大利亚社会学家艾瑞卡·米拉尔在《终止妊娠：围绕再生产的情感政治史》一书中分析指出，女性在接受人工流产手术后所产生的羞耻心、愧疚感、悲伤等情绪不是“自然”产生的，而是政治的产物。她提出女性在接受人工流产手术后，持续地对“未出生的孩子”进行哀悼的行为，再现了名为“以胎儿为中心的哀痛”的框架，这一框架形成于20世纪80年代中期进行的反堕胎运动时期，并在那之后不断扩展，成了用以解释终止妊娠经历的最重要的理论框架。所谓的“羞耻”和“羞耻周期”，也是为了从德行上约束并惩罚接受过人工流产的女性。艾瑞卡·米拉尔说：“如果没有用以评价流产后女性的固定标准，羞耻和愧疚都将从终止妊娠的情绪版图中消失。[12]”

在我对有过人工流产经历的女性进行采访之后不久，我读了《终止妊娠：围绕再生产的情感政治史》一书中女权作家兼主持人克莱门迪恩·福特所写的文章。[13]她说自己做过两次人工流产手术，从传统观念的角度来说，她需要“毕生捐献土地以求得宽恕”，还要“将自己看成一个杀害过婴儿的悲情杀人犯，为此承受巨大的痛苦，并深陷于极端的抑郁情绪之中”。然而福特“拒绝”被打上这样的烙印，并且不想承受强加给所有做过人工流产手术的女性的羞耻感。她在文章中坚定地宣称“我正在为我自己做最大的努力，没有什么好抱歉的”，而我此刻十分想要和所有犹豫是否要接受和已经接受过人工流产手术的女性一起阅读这篇文章。

你真的不喜欢孩子吗?

○　　　　　●

如果你在网上书店的搜索栏中输入“丁克”，那么搜索结果里会出现诸如《创造神话的希丁克的四强英语》和《六个动词掌握希丁克式英语会话》等图书。谁能想到荷兰足球教练希丁克在英语教育领域竟有如此大的影响力。如果输入“不生育”，那么结果里会出现“产后瑜伽”的教学光碟。几轮搜索下来，终于出现了《超越母性：选择没有孩子的人生》一书，这是一本由十几位成年于20世纪60年代的美国女性六十岁后撰写的自述随笔，随笔中记录了她们各自的无孩人生。在书寄到家中后，我拆开外包装的那一刻忍不住扶额大笑，因为书的封底用巨大的字体印了这样几句话：

不是所有女性都必须成为母亲。

这世上有三种女人：

生来要做母亲的，生来要做阿姨的，还有该和孩子保持三米距离的。

尤其是第三点，隔着三米来读都知道这话说的是我。可下面还印有一段字体相对较小的话：

> 现在一起来听听
> 生来要成为阿姨的女性们，
> 主动选择不生小孩的故事吧。

怎么回事？所以我生来连阿姨都不是吗？！我倒是有两个外甥，但我既不会主动和他们打视频电话（虽然接过两次，但气氛尴尬到仿佛时间静止了一千年），也不会在社交平台上传他们的照片。外甥们还小的时候，如果我听到有人说“去找小姨给你们读故事”，心里就会想还不如让我去洗碗。事实上每当和小孩相处，我都希望时间能过得快点；也希望永远都不会有那么一天，只剩我一个大人来照顾孩子。

玟荷

【采访者：你有想过自己不喜欢小孩，所以是个坏人吗？】哇！这话太对了。从我上中学的时候起，我就不太会跟小孩交流。我并不觉得小孩可爱，我的一些朋友看到小孩会说“啊！好可爱”，但我就有点……像一个旁观者。因为我从没觉得小孩可爱，所以我就会想自己是不是个怪人，觉得自己是不是性格有缺陷。

我非常认同玟荷的话，所以我也有性格缺陷吗？很多女性没有被问过意见就被看作随时会成为“准妈妈”的人，如果她们看到孩子并未感到兴奋而只是静静地在一旁看着，我希望她们不会觉得自己有问题。因为如果她们说了一句“哎呀，好可爱”，紧接着回应她们的就是：“你也到了生孩子的年纪了啊。”傻瓜们，你们根本不知道她们觉得最可爱的孩子就是别人家的孩子……

但我在采访的过程中了解到，并不是所有选择不生孩子的女性都和我一样想要远离小孩。教过小、初、高各个年龄段孩子的英智，以及真心喜欢特殊教育老师这个职业的善雨，她们向我讲述了观察学生成长过程中的喜悦。

英智

我很难说自己喜欢小孩，但我想要看到成果，因为与成年人相比，我们更容易看到小孩的变化。很多成年人无论如何都很难改变，但孩子很容易受到外界影响而改变。每当看到孩子们的变化，我就很有成就感。我很喜欢跟孩子们沟通，在补习班工作的时候我就很喜欢跟孩子们聊天。因为聊着聊着就能知道孩子们的想法，然后这些想法又能反哺到我的教学工作里。我跟侄子玩的时候也会秉承着一颗老师的心，他很喜欢听我给他读故事。我并不觉得这件事多么有趣，只是觉得它不是很累，如果把它当成一种实习的话也还不错。

善雨

我曾在包含小学和初中的代案学校[14]工作，我很喜欢听孩子们说一些我没想到的东西。就比如听到“树枝被摇得晃晃悠悠”的时候，我感觉自己的想法已经是一潭死水了，但孩子们的表达就很有新意。边听孩子们说话，边时不时地点头附和或是聊几句，这一切都很有趣。即便我们总是反复聊同样的话题，但每次的内容总会有些微的不同，这让我很疑惑他们是怎么想到这些的。最近我打算这么跟外甥或是身边的其他孩子沟通，我想做一个好阿姨。如果孩子一句话重复很多遍，父母通常会很烦，不愿意听孩子讲话，但我是那种会努力一直听的人。

度允是一名小学老师，她认为“喜欢”孩子和培养孩子是两码事。

度允

我认为“喜欢”是一种将对方客体化的情感。那些不喜欢小孩的人，他们不会对孩子抱有任何诸如可爱和纯真的期待，只会觉得小孩不过是一个生命体。

在和度允见面之前，我就了解到她是一个非常有责任心、很擅长与孩子相处的老师。度允的学生觉得“跟老师一起玩很有趣”，我很羡慕他们有个好老师。同时我很好奇那些经常近距离与孩子接触的女性，对不生孩子这件事抱有怎样的想法。

度允

每年家长最关心的就是老师生不生孩子，因为如果同一个学期里不换班主任他们会觉得很安心。但如果一个老师没有生养过孩子，他跟学生们沟通可能会有些困难。如果学生问老师为什么不生孩子，而老师回答不想生孩子，那学生就会很不理解。他们会感到困惑，我的妈妈生了我，她会因为我而感到幸福，我也很幸福，为什么老师不这么认为。但我又不能跟学生们说“我从孩子身上并不能感受到幸福”，所以我非常累。【采访者：我觉得应该让学生们知道这世上有的女性并不想生孩子，这是件很有意义的事情。】我也这么认为，所以有时候也会不作任何掩饰，有意识地向他们展示。【采访者：在教学过程中，是否会进行所谓的正常家庭价值观教育，或是鼓励生育呢？】四年级的社会课里有一个主题名为“日益严峻的低生育率问题”，总课程时长两三个小时。那节课上学生们会制作应对“低生育率问题”的海报，也算是一种洗脑，让学生们做这种事，其实我心里……（笑）

在采访的过程中，我发现虽然她们不是母亲，但她们努力在各自的领域和孩子保持良好的关系，并以不同于父母的方式带给他们积极的影响，这给我留下了很深的印象。而在京的一番话也让我产生了新的想法——无论是否喜欢小孩，我们都无法忽视的是你要成为一个怎样的大人。

在京

我可能很难成为好的父母，但是我很喜欢小侄子和其他小孩，所以或许在养孩子这方面我可以成为一个优秀的助力者。我真想说自己是“珍稀阿姨”。（笑）这世上没有完美的父母，所以我认为让孩子可以选择跟各种不同的成年人相处是件好事。而且作为辅助父母培养孩子的人，我觉得我在侄子的成长过程中也起到了至关重要的作用。更重要的是，从父母的角度来看，我这个角色也是很有必要存在的。我有个朋友放下工作专门在家带孩子，她很难找到机会出门，社交圈子也只有带孩子的妈妈们。偶尔我去找她，她会给我讲自己二十多岁的时候学了些什么，做了什么工作，还说非常开心能和见过自己社会人那一面的朋友聊天。我认为这样的陪伴，对于孩子的母亲和孩子来说都是非常有必要的。

让我们回到《别拿孩子开玩笑》这本书，封底印的句子是从《美食祈祷恋爱》的作者伊丽莎白·吉尔伯特为此书写的前言中摘录的。尽管她所说的“像我们这些生来就适合做阿姨的女人”让我感到一丝疏离感，但前言中最重要的是下面这段话：

你完全可以放心地把孩子交给我，因为我会逗他开心、陪他玩、爱护他。即便我对这个孩子爱护有加，我心里也十分清楚：这不是我的命运，从来都不是。当我意识到这个事实的时候，我内心升起了一种奇妙的喜悦。因为我们活在这世上，知道自己不能成为什么样的人，与知道自己是谁同等重要。[15]

这话我非常认同。

关于成为母亲的恐惧

○　　　　　●

有一天我逛超市，突然传来一阵喊叫，我便循着声音看了过去。只见一个五六岁的小男孩冲着自己的母亲大喊：“妈妈，不是说好让我看手机的吗？为什么不给我看？！”我大概能猜到发生了什么事，因为我经常看到类似的母子协商场面，通常母亲会告诉孩子“如果你好好吃饭、如果你好好待着、如果你把那个给弟弟（妹妹），我就给你手机让你看喜欢的视频（诸如汽车、动画片或是偶像等）”。但是那天超市里的母亲不知为何似乎并没有给孩子看手机，所以孩子一直在大喊大叫：“不是说好给我看的吗？！你要是不给我看就是坏人！妈妈，真坏！”

啊……当时我站在不远处默默地在心里声援那位母亲，然后就匆忙走开了。

做父母真是件难事。虽然不知道已经为人父母的人会不会说我“多管闲事”，但我依然觉得假如我不是把孩子看作小孩而是看作一个人，当我开始讨厌他的那一刻，我会无法承受这种情绪。格蕾塔·葛韦格导演的电影《伯德小姐》的主人公是一个十几岁的小女孩克里斯汀，有一天她问妈妈玛丽恩：“妈妈，我知道你爱我。但你喜欢我吗？”我也有过类似的想法。我很确定妈妈是爱我的，但我是值得妈妈喜欢的人吗？现在我觉得这个问题不重要了。因为如果我把妈妈看作“他者”，那么她已经对那个她很难喜欢的我付出了最大努力，而成长的过程中我不断地和这样的妈妈争吵，变成了如今的我。但我觉得让我亲自尝试做母亲，又是另一回事。我的孩子终将成为“他者”，即便我为他倾尽所有，他也可能会渐渐地长成与我期待的不同的样子，这一切我能接受吗？

善雨

我父亲是个非常传统的人，所以中学时候的我经常和他发生争吵。严重的时候，我俩都不吃饭，两三个月不跟对方说话。每次都是母亲出来帮我们和好，但她在我二十多岁的时候去世了。那之后，我独自在外地生活，父亲因母亲的去世受到了极大的刺激，这导致我和父亲之间的矛盾直接显现了出来，甚至激化到了老死不相往来的程度。大概就是那个时候，我想明白了很多事，比如抚养一个和自己意见不统一的孩子有多么辛苦，以及父亲为了维持和我的关系有多努力。如今我和父亲都会在矛盾激化的临界点尝试换一种方式沟通。其实老年人比年轻人更难做出改变，但母亲去世后，父亲不得不改变。所以我开始苦恼如果我的孩子和我意见相左，我能够承受那种心理上的打击，理智地解决矛盾吗？

也许你会觉得我杞人忧天，但我非常害怕从新闻里看到本性正直善良的人为了孩子做出不道德的事，甚至走上犯罪道路。他们为了留给孩子更多财产，为了让孩子有一份更好的履历，为了让孩子找到工作，动用自己的人脉和权力，他们所强调的价值在哪里？但如果换作是我，我能够将自己的信念放在第一位而忽视孩子的利益吗？幸好我既没有人脉也没有权力，所以很难对此展开想象，我甚至不能确定自己是否能在教育的过程中，将自己的信念（我觉得有）传给我的下一代。而我能够不过分看重孩子的成绩，不给他安排过多的补习班，帮助他自然地走上适合自己的道路吗？关于这个问题，就连在学校和补习班培养和教育过许多孩子的度允和英智都感到很苦恼。

英智

或许是因为我在补习班工作多年，我总觉得对孩子来说，“培养”是种巨大的暴力。这并不是说大人不好或是父母不好。我觉得父母对孩子有所期待是再正常不过的事情。这世上有多少父母能让孩子按照自己的想法成长呢？所以我觉得如果我成了父母，我也会用“老师的方式”来管教我的孩子。我教的中学生里有学生跟我说：“老师选择不生孩子是对的，如果你按照训练我们的魔鬼方式教育你的孩子，他会受不了的。”（笑）【采访者：在韩国，要想把一个孩子培养成才，需要投入大量时间。所谓的“教育”只是行使某种暴力时披上的外衣，或是延续自己价值观的方式。】工作中我经常会见学生家长，我发现人一旦有了孩子就会多一个致命弱点，但我并没有信心去接受这个弱点。许多家长为了孩子违背自己的信念或是给自己找借口，我很难接受自己将来有一天也会变成这个样子。

度允

我的父母为了逼我学习，会极端到我一看漫画就撕掉漫画书。那时候我觉得自己很不幸福，也不想用这样的方式去强迫我的孩子。当然也不乏有小学生凌晨一点不能睡觉，被逼着学习却还是会说："妈妈和爸爸都很爱我，他们送我去上补习班，我感到很幸福。"因为那个年纪的孩子接受的教育是感谢一切自己得到的东西，不能拒绝父母的要求，还要孝敬父母。但我跟朋友说过："如果将来你们孩子的学习成绩只是班级里的中游水平，那他应该是想要做一些自己喜欢的事情，平凡地过完一生。"但我又会想，这在韩国可能吗？等孩子长大他还会满足于这样的生活吗？……很难说，我也不知道。

就像她们所说的，在韩国社会中，要让一个人学会并掌握一件事情是很难的。接下来这句话出自受访者珠妍，所有采访者中她是最符合"外柔内刚"这个词的女性。

"我选择不生孩子不是因为养孩子很累。我每次看到现在的小孩，都会觉得自己没有养孩子的信心。"

珠妍

我每次看到给别人带来麻烦或伤害的孩子都想说："这孩子到底是怎么教的？"可实际上这些孩子的父母并不是什么坏人。哪怕是十分有常识的平凡父母，也可能养出完全没有常识的孩子。如今孩子们能够通过多种多样的媒体间接地获得各种经历，而那些以前只能间接经历的事情如今也能够亲自去尝试。了解这一点之后，我就明白了培养孩子并不是一件必然会成功的事情。我听说现在有些孩子用一种名为"群聊监狱"的方式排挤其他孩子。我自然无法完全明白孩子们手机里的世界，可是我在想如果我的孩子犯了错，我会怎么做呢？有的孩子说了有用，但有的说了没用……可能将来我的孩子会比我的个头还高，我要仰着头教育他，我一想到这种画面就觉得很无力。这种情况下，没有孩子真是件万幸的事情。

在京向我推荐了安德鲁·所罗门的《背离亲缘》，作者历经数年采访了三百多个家庭，每个家庭中都有一个"在父母眼中有着意外"身份的孩子，诸如唐氏综合征、精神分裂症、重度残疾、神童、跨性别者等，这本书就记录了这些特殊家庭的故事。

在京

大部分同性恋的父母都是异性恋，很多正常夫妇也会生出残疾孩子，而平凡父母的孩子也有可能是天才。所以在我看来，父母和孩子的关系是一种非常难以理解的存在，他们的人生是必定会发生碰撞的。我会去思考这种“差异”会在多大程度上影响我的生活，但你也知道虽然我可以选择生还是不生，但我无法选择生出什么样的孩子。有时候听有孩子的同事聊天，他们会把自己的孩子分为“相对更喜欢的孩子”和“跟我不合的孩子”，我能从中感受到他们对待孩子的区别。只是合不来而已，这是所有人际关系中都存在的问题。区别在于有的人隐藏得好，有的人根本藏不住。

其实我有时候会思考，自己不生孩子是不是因为“我想一个人潇洒地活在这世上”。我会尽可能避免让自己为难，尽可能减少生活里的摩擦，因为如果我的欲望和始终是“他者”的孩子的欲望发生冲突，那么我所期待的就都无法实现了。而我又很难直视自己性格里的不成熟和自私，也很难承认自己只是个“不过如此”的人。虽然我知道自己是这种性格，但我选择不去管它、得过且过，如果让我每天都面对这样的自己，未免也太痛苦了。

面对超市里吵闹着要看手机的孩子，我能不吼他，冷静地说服他吗？但是总有人会说“自己的孩子心疼还来不及”“只要横下一条心就能不在意”“反正这世上没有完美母亲”，诸如此类的话对我来说没有任何意义。然而，令我倍感欣慰的是，这世上不是只有我害怕做母亲。

贞媛

我无法忍受孩子这种巨大的不稳定因素。无论是孩子出生后会改写我的人生，还是我无从得知这个孩子会是个什么样的孩子，这两件事都会带给我未知的恐惧。比如，类似《我们需要谈谈凯文》这样的电影会让我感到非常恐惧。电影里有一幕，主人公问母亲如果自己的孩子让人无法接受该怎么办，母亲非常乐观地告诉她："你和你的丈夫不可能生出那样的孩子。"（笑）接着主人公说："这是什么话呢？我现在很害怕，因为那对我来说就像买彩票。"

一场由《妈妈咪呀！》引发的讨论

○　　　●

在我下了百分之九十八的决心不生孩子之后，我的内心并非始终能够保持从容和淡定。比如，看完电影《蚁人2：黄蜂女现身》，意想不到的事情发生了。电影中黄蜂女和因在外执行任务而无法回家的母亲珍妮特互相思念，每当看到这一幕我都觉得有无数根针扎在我的心上，为此我十分震惊。这并不是因为我能够感受到她们焦灼的心情，而是我发现这个故事永远不可能发生在我身上。

那天我在电视上看了电影《妈妈咪呀！》，产生了一种和二十多岁看音乐剧时不同的心情。唐娜在女儿苏菲结婚的当天早晨，一边帮她梳头一边说“划过我的指尖”，看到这一幕我竟然因某种从未拥有的东西感到了失落。我知道自己永远都不可能建立那种关系，也无法拥有那种感情，这让我感到些许忧伤。

这世上有许多故事、小说、散文，尤其是面向大众的电影和电视剧中有许多描绘母女关系的场景。在很多故事中，推动剧情发展最重要的力量就是母性（爱）。我曾以女儿的身份去感受这个世界，却永远无法以母亲的身份去做到这些，这世上会有一个角落是我永远都无法真正感知到的，我的内心有些苦涩。那么对于这个话题，其他没有孩子的女性是怎么看的呢？

素妍

我会投入很多感情去看这件事情。（笑）我与父母的关系对我的情感观有很深、很全面的影响，所以我更多的是从孩子的角度来看这个问题。确实从父母的角度来看会非常不同。

玟荷

这个嘛……母爱？说实话我无法感同身受。比如，我看到父母患上阿尔茨海默病的电影会很伤心，但当看到父母寻找失踪女儿的故事，我该说内心毫无波澜吗？

圣珠

这点我真的很反感。韩国电视剧中会强行出现什么母爱啊，父爱啊，还有带有性别刻板印象的角色。仿佛这才是正常的，不那样过的人就是异类，甚至假借感情问题来掩饰这世上不平等、不合理的事情。我有时候会想，电视节目的制作人可以拿着公共资源来制造垃圾吗？通常我看到这种东西，都会到节目留言板抗议，要求节目立刻停播。

英智

我非常非常不喜欢。这类话题无趣又令人厌烦，可是每次看完又忍不住会哭。（笑）总之，我觉得这是缺乏想象力的表现。我们看韩国电影就知道，一个女人变得冷酷无情永远是因为孩子走丢了。我觉得人们是想给这件事情强加一些意义。【采访者：是因为孩子走丢对她们来说是非常有冲击力的事情吗？】话虽如此，可众所周知创作那些电影的大都是男性。他们或许不知道，他们的母亲对他们的爱也许并不会强烈到不惜赌上自己的性命……（笑）【采访者：你是说他们高估和夸大了母爱？】是的，又或许是因为他们太熟悉那套东西了，所以喜欢那么拍。我不喜欢所有从子女的角度去定义母亲的故事。因为从故事的角度来看，他们似乎觉得不生孩子的人就无法拥有完整的人生。有些书籍里的图片上的母亲自始至终都穿着围裙，我会尽量避免给学生看这种书，因为这种书把世界描绘得太过扁平化。

贞媛

通常父母都会为了孩子操心到底，每次我看到这样的故事，都会想："我真的办不到……"（笑）而对于其中的父母之爱，我只能说"好的，了解了"，因为我觉得虽然不是所有人，但对大部分人来说这种感情太过强烈，也太过艰难。不久前，我在聚会里认识了一位女性，她给我讲了自己生孩子大出血、紧急转到大医院抢救的故事，在命悬一线的时刻，已经是两个孩子的母亲的她想到的是“我一定要活下去”，她说如果不是那个信念自己可能真的会死在手术台上。

听完贞媛的讲述，我想起了几年前一位女记者写的专栏，回到家后我找出了那篇文章。

> 那天读到了一篇报道，一位公务员妈妈重回职场一周后因过劳死在了工作岗位，当时我就想到了那年冬天在武桥洞十字路口发生的事情。那时候我刚休完产假回归职场，等红绿灯的时候我突然掩面痛哭，当时我在想“我已经失去轻生自由了啊”。我感到十分恐惧，因为这种一定要活下去抚养孩子的心情对我来说太沉重了，估计我站在路边痛苦的心情跟那位职场妈妈是一样的。[16]

“我已经失去轻生自由了啊。”

那篇文章中，作者成为母亲这件事以及这句话令我印象深刻。这段凄切的内心独白一直盘踞在我内心的某个角落。我知道自己永远都无法获得这种不顾一切的、极端的情感，这令我安心的同时又有些失落，而这种失落又和无法看清这个世界的“全貌”所带给我的恐惧有所关联。虽然我很喜欢《妈妈咪呀！》，但每当我想起这部作品时心里总会拂过一阵凄凉的微风，这是我无法回避的事实。也就是说，我明白了自己无法成为“常规”叙事里的一部分，而许多人都生活在我未知的那个世界，我感到了一种莫名的焦躁。但现在我有了新的想法，总归这世上没有任何人可以成为所有叙事的一部分，所以这种想要完整感受世界的想法，是否只是我的一种不成熟的表现呢？选择了这个世界的自由，意味着关上了通往另一个世界的大门。如果我为自己看到的世界太小而感到失落，那么何不以当下我所处的位置为圆心去拓展更宽广的世界呢？

为人父母是成为大人的必经之路吗?

○　　　　●

执导或监制过《弗兰西丝·哈》《婚姻故事》等电影的诺亚·鲍姆巴赫有一部电影名叫《年轻时候》。乔什与科妮莉亚是一对年过四十、没有孩子的中年夫妇，前者是名噪一时的纪录片导演，后者是制片人，也是纪录片大师的女儿。他们的夫妻关系看似自由平静，实际上却如一潭死水，而就在此时他们被刚认识不久的时髦小夫妻杰米与达尔比吸引。此后，乔什与科妮莉亚夫妇开始沉迷于年轻人的世界，他们像年轻人一样骑自行车、学习嘻哈音乐，这一系列逞强的行为不仅使他们出尽了洋相，引发了一系列骚乱，而且还给他们带来了心灵上的打击，但他们也因此有所成长。故事的最后，乔什与科妮莉亚夫妇决定去海地领养一个孩子……咦?

初次看完电影后我备受打击，原来成长的尽头是孩子吗？乔什和科妮莉亚夫妇一直以来游走在文化圈的边缘，他们既没有孩子，也对未来毫无规划。他们一方面想要重返青春，另一方面又试图摆出一副长者的样子，那简直就是我啊，屏幕前的我也跟着尴尬了起来，可下一秒两个成长为比我更成熟的人的主人公突然决定要做父母？那我呢？！难道我这辈子都无法成为大人了吗？虽然那之后我也偶尔会想起这部电影，却总也鼓不起重看的勇气。

就这样过了五年，我又看了一遍《年轻时候》，重拾了那些早已遗忘的片段，而这一次我逐渐接近了那些曾被我错过的关键。科妮莉亚因流产和试管手术的失败而放弃了生育的念头，虽然她装作一副无所谓的样子，但内心充满了空虚；而乔什虽然看似安于现状，实际上却因自己无法成为“真正的成年人”而感到焦虑。就在此时，朋友中年得子，这打破了他们平静的生活。他们看到朋友把胎儿的超声图文在了手臂上，不仅如此，朋友还跟他们说“你们也生一个吧”“世界都不一样了”“虽然没有孩子的生活也挺好，但有了孩子才发现人生的真谛”。呃啊啊啊啊啊！

年过四十，过着丁克生活的我和丈夫偶尔会觉得心情复杂。不上班，不用养孩子，我们几乎感觉不到时间的流逝；而大部分与我们同龄的夫妇则不同，孩子出生，上幼儿园，上小学一年级、二年级，他们在孩子成长的过程中感受时间的变化。无论是三年前还是现在，我和丈夫的生活几乎没有变化。两个一起老去的成年人过着简简单单的生活，岁月之于我们不过是日复一日地重复，我偶尔也会担心这样的生活会令我的心理年龄停滞不前，而人们常对丁克夫妻，尤其是对不生养孩子的女性说“做了父母才能成为真正的大人”“你没经历过，所以不懂”“等你生了孩子就知道了”这些话，有时就像丢入水面的石子，在我的内心激起千层涟漪。

度允

这种话我听多了，通常我会先发制人。“我还不懂事，不想生孩子。等我哪天懂事了，说不定就想生了？”这些人是觉得我不懂事，所以才拿这些话来指责我，而这些不正是他们想听的吗？我跟他们的想法不一样，所以他们说什么都无所谓。你不就是觉得我不懂事吗？那又如何？

在京

很多年纪大的亲戚都会说这些话，我本来也不是很在意他们，所以根本不会听进心里去。除了想回一句“与你何干”，那些话对我来说毫无影响。可是每次看到比我年纪小的朋友因为那些话大受打击的样子，我都很心痛，我心想：他们只不过是说说而已，那些都是毫无意义的话！如果他们是对的，这个世界还会是现在这个样子吗？（笑）

英智

很多做了妈妈的朋友会跟我说：“你没生过孩子，你不懂。”这种话听多了会自我怀疑“生了孩子，是不是就能懂些什么了”。但后来我断了这些念头，因为我想假如做了母亲就能成为“不同于”现在的人，那么这世界还会是这副鬼样子吗？这世上大部分人都为人父母，可我并不认为以他们为中心创造的这个世界是美好的。可他们却说自己成为父母后过上了另一种生活，说自己因保护弱小生命而拥有了一种责任感，我觉得这太夸张了。我觉得这里面与其说是成熟，反而有不成熟的一面，并且过于看重家族，还会让人的眼界变小。

正如她们所说，我们都知道成为父母并不等于成为圣人。相比那些做好了成为“好”父母的心理准备才开始备孕的人，更多的人是稀里糊涂地成了父母。我偶尔也会疑惑，母爱和父爱真的能“迈出家门”，成为创造美好世界的原动力吗？再者，“因为你像我女儿”这话可是性侵犯的口头禅啊。也就是说，人们自以为生儿育女是通向成熟的钥匙，但这似乎更显得他们不成熟。这些年我始终有一个消散不去的困惑——作为一个写作者，如果因为不经历“大多数人的生活”而变得越来越无法理解他人，该怎么办呢？

从事创作相关职业的贞媛和宝拉向我讲述了各不相同的见解。

贞媛

大学的时候，诗歌课的女教授曾对我们说：“在养孩子的过程中，我感受到内心更多的诗性被唤醒了，看待世界的角度也变得更加纯粹了。”那是我不曾拥有的经历，所以我对这话没什么感觉，并不觉得很遗憾。【采访者：我们成为大人之后，有些感觉会变得迟钝甚至消失。有时候我会想，假如有一个与我关系亲密的人对这个世界充满好奇，他开始探索这个世界，那么他的这些举动是否也能唤醒我对这个世界的好奇呢？】但我们不能将孩子当成一种工具。孩子活在这世上有自己的价值，如果是因为我想要经历那些事情而生一个孩子……这毕竟和养条狗完全是两回事。

宝拉

虽说“艺术家不必懂得人情世故”，但是真的有很多人会说：“生完孩子才能开启真正的事业。你经历过才能成为真正的大人。”大概就相当于养了孩子才能体会到心志劳苦，才能懂得生活的艰难和父母的恩情。举个例子，现在我和丈夫赚得不算多，我觉得两个大人养活不了自己，和没钱养活自己的孩子所带来的感受是完全不同的。身边几乎所有人都相信要想拥有健全的人格，就得生儿育女，这种话听得多了，我也多少会受一些影响。有时候我也会恐惧，会想：不生孩子就不能成为一个心智健全的人吗？如果无法成为优秀的成年人会怎么样呢？

我十分赞同贞媛的观点，也能共情宝拉的恐惧。电影《年轻时候》中，乔什被年轻有才华的杰米所吸引，他讲述了自己为何会为杰米着迷。

“他真心把我当大人看待，这让我第一次感觉到自己不是一个模仿大人的孩子。”

随着年龄的增长，那种想要成为真正的大人的欲望会让我们越来越焦虑。一方面由于没有孩子，很多时候不用像成年人一样行动，会觉得很舒服；但另一方面也担心自己无法成为一个优秀的成年人。而就这个充满复杂情绪的问题，珠妍作出了最为坦然的回答。

珠妍

听说为人父母是件极其需要耐心的事情。如果有孩子的家庭是一个小社会，那是我没有经历过的社会。因为一个母亲需要对孩子的各种反应进行协调和妥协，这是我没经历过的。有时候我看到身边有孩子的朋友就会想：哦，这么看来，他真的是大人啊。或者他比我更像是成年人啊。

如果那些为人父母者构成了一个世界，那是我未曾涉足的世界。在那里，他们的欲望要比我的复杂得多，他们体味着各种欲望的交织与碰撞。即便那未必是一种积极的“成熟”，但我们不难肯定的是他们身上发生了某种变化，展开来说就是如今他们看到了生养孩子前不曾看到的东西。

重看《年轻时候》，我感受到了科妮莉亚和乔什的彷徨，这次我仔细地观察着他们的朋友——那对毫不掩饰地在二人面前炫耀孩子的夫妻。某天这对夫妻在家中举行派对，却没有邀请忙着融入年轻新集体的科妮莉亚和乔什。科妮莉亚突然登门拜访想给朋友来个意外惊喜，却看到了朋友在家中举行派对，很是伤心。做了母亲的朋友对她说："有了孩子之后，感觉我们之间越来越远了，这就是我的人生。有了孩子会让我产生孤独感和疏离感。"

看着朋友家中客人们热热闹闹地聚在一起，科妮莉亚觉得无话可说。此刻我终于明白了，就像没有孩子的人会感到孤独一样，有孩子的人也会感到孤独。每个人都有各自要承担的重量和磨难，只有在这种情况下依然能互相理解的朋友才能维持双方的关系。而尝试不断突破理解的边界的行为，便是人们所说的成熟。

无孩时光，我这样使用金钱和时间

○ ●

有一天，姐姐突然跟我说："你要是也生个孩子就好了。"刚开始听完这话我并不觉得有什么，但后来我越来越坚信——这是我的人生，我要自己来"浪费"！我也会想，我比那些忙着养孩子的人更有时间，那我是不是该做些对这世界有帮助的事情呢？先说结论，后来别说做些对世界有帮助的事情了，我连自己的麻烦都没有解决好。幸好我没有孩子，我这慢慢吞吞、拖拖拉拉的生活才得以艰难地维持到今天。因为我虽然拖沓，但时间很多；虽然没钱，但好在花销不大。

那其他没有生养孩子的女性又是怎样的情况呢？我问受访者们：相比有孩子的人，你们觉得自己是否拥有时间和金钱自由？你们如何支配这种自由？未来想要如何支配这种自由？

柳林

我没有孩子所以更加要享受生活，如果我不能任意支配这种自由，那岂不是一种很大的损失？不管怎么说，相比之下我没有那么大的存钱压力或是要让资产升值的紧迫感，而是更专注于自己的需求。我喜欢旅行，所以我计划几年内找个机会和丈夫去国外来一次长期旅行，去所有想去的地方。

利善

我的生活没有什么变化，其他朋友忙着养孩子，开销也越来越大。大家都知道在小学附近找房子是很贵的，我有时候很庆幸我们不必找学区房。没有孩子也就不必赚那么多钱，这让我变得更加从容。

在京

我身边有孩子的家庭在资产上比我更具优势的例子很多。虽说我的闲暇时间和可自由支配的收入更多一些，但不等于过得比他们好。很多家庭生了孩子之后拥有了自己的房子，按说他们的总资产与我相比有压倒性优势，可他们又经常跑来跟我大倒苦水。我能非常明显地感觉到自己拥有更多的闲暇时间，因为孩子夺走了他们的自由。【采访者：你是如何利用这些时间的？】我大部分时间会参与一些社交活动。现阶段是我的职业黄金期，所以我会尽量多地去认识一些人。就比如昨天，上午去总公司开会，中午和总公司同事一起吃饭，饭后和总公司那栋楼的前同事喝了一会儿茶，然后去江南区开了几个会，接着和记者朋友见了个面，晚饭和后辈们一起喝酒，算下来我在一天之内见了三十多个人。

汉娜

几年前，我接到了一个在印度举办的活动里负责美妆展的项目，要出差一个多星期。丈夫担心印度很危险，我跟他说以前去印度背包旅行觉得那里很好，所以我要去。最后丈夫请了假跟我一起去印度，如果有孩子我们就不能这样了。丈夫四十岁那年，作为纪念我们去欧洲玩了两个月。当时他跟公司申请无薪休假被拒绝了，他想着要不就辞职吧。也不知道哪来的勇气，我说："行，辞了吧，现在不辞更待何时？"没想到他真跟公司说要辞职，公司又准假了。那次旅行真的很有意思，虽说两个月不工作，没钱赚又花得多，经济上损耗很多，但直到现在我们还在聊那次旅行中的趣事，所以我一点也不后悔。我们俩都很喜欢滑雪，今年还买了滑雪季卡，明年我准备学习自由潜水。等我的小额存款到期，我就要去买潜水装备，要是有了孩子估计就买不成了，因为这些钱要给孩子做教育经费。

善雨

我很喜欢旅行，一年去一次国外，和朋友们也是每年都出去玩。有时候和丈夫一起旅行，但我也很喜欢自己旅行，所以会给自己安排一日游或者是两天一夜游。每隔一两个月我会去一趟首尔的医院，连上周末，我会安排个三天两夜游，去其他城市找有孩子的朋友玩，或者看演唱会。如果有个人需要我照顾，就很难安排这些行程了吧。但现在我想做什么的时候，安排自己的行程即可，有了孩子就很难做到了。

珠妍

我的时间很自由，反倒是经济不自由。我和丈夫各自经济独立，所以我们家很难攒下钱，也很难有一笔大的花销。但好处是，我们不必为谁攒钱。有人说："要随心所欲地过好现在，等老了体力跟不上了，很多事就做不了了，时间不等人。"【采访者：你们花钱大手大脚吗？】以前还常去旅行，最近太忙就不去了。之后一定要去南美来一次长时间旅行，然后在年纪变大以前去冰川旅行。

英智

我现在比起看书更喜欢买书，今后我想读更多的书，也想给我正在做的事情注入一些新的变化。我爸妈说不必抱外孙，有我就很满足了，但我想让他们的人生过得更圆满一些。之前我在出版大奖赛上得了奖还出了书，我爸妈非常高兴。我想一直让他们这么高兴，还想用文字记录下母亲的人生故事。

秀婉

这次我回韩国参加了一次可以给外国人教韩语的资格证考试。一旦我拿到这个资格证，就可以去卡里多尼亚学院做兼职讲师，或者是再积累些工作经验，然后和丈夫一起去法国。【采访者：如果有了孩子，这些计划就很难实现了吗？】老实说是这样的。如果有了孩子，丈夫应该还是可以在研究生院工作，但我的人生就会变得完全不同了。包括现在我正在上的个人课程会有所限制，想去大学当老师更是不可能。我对环境和女权方面很感兴趣，我知道有很多这方面的活动，为此我准备继续学习法语，如果有了孩子估计要减少很多做这些事情的时间。关于野心，我们可以将它定义为金钱上的成功，即便没有金钱上的回报，如果能将我的时间和努力投入我想做的事情上，我认为那是更加自由的人生。我想要守护这份自由。

每位受访者的境遇和性格不同，所以他们感受到的自由度以及支配自由的方式也各不相同。这其中有的像我一样回归日常生活，还有的正在慢慢寻找人生真谛。人们常说“不生养孩子的人生十分无聊，好似虚度光阴”，但是受访者们与此不同，没有孩子的她们都十分享受这份自由，也很满足于以自己的方式支配自己的人生。我在整理她们的故事时，也开始考虑如何用更有意义的方式来支配我的自由。我打算学习一些自己感兴趣的知识，参加志愿活动。不过我还是先从早睡早起开始吧……

用投资孩子的钱投资世界

○ ●

在所有受访者中，素妍对无孩的闲暇时光和金钱的利用方式，可以称得上是最积极、最闻所未闻的。素妍是一名律师，她组建了一个奖学金财团用来资助发展中国家的女学生。虽然我身边有很多朋友定期资助发展中国家的女性和儿童，但她们大都是通过联合国儿童基金会这样的非政府组织定期定额汇款，没有哪个朋友像素妍这样亲力亲为地投入时间和大量金钱来进行资助活动。我很好奇是什么驱动着她做这件事情。

素妍

三年前，我去柬埔寨的一所大学演讲，那里几乎没有任何基础设施，连教授都不会讲英语，这令我很震撼。当时我看现场女学生特别多，一打听才知道，原来生活条件好点的家庭会把儿子送去首都金边，相反女儿只能留在当地。另一方面，那些进入发展中国家的海外非政府组织在选择资助对象时通常会保持性别平衡，这就导致地方大学里成绩好的女学生越来越多。后来我回到韩国，就和与地方大学有合作的非政府组织取得了联系。我了解到由于预算不足，很多学生没有得到奖学金资助，一千美元可以资助四名学生学习英语和电脑，于是我开始汇款资助。次年我去那所大学参加英语书评大会，顺便了解一下我资助的学生们的情况。我发现很多乡下学生上学要花很长时间，但由于家庭条件不好，他们只能频繁缺课，这成了一个大问题。所以我租了有浴室和卫生间的小房子改造成宿舍，那里的房费和水费都很贵，所以自那时起我开始投入大笔的资金。

我无法准确感受到，当年素妍在东南亚国家到底受到了怎样的震撼。但我想起了一个画面，那是我去越南、泰国以及印度尼西亚旅行的时候。当时我主要在度假村、酒店、景点和购物中心之间活动，但我坐车离开那个名为“地上乐园”的地方时，一路上看到路边成排的木板房，那一幕激起了我的罪恶感和羞耻心。我觉得有这种情绪的自己非常虚伪，所以那之后一提到东南亚旅行我就有点犹豫。虽说这世界任何地方都存在贫富差距，但我当时只想逃避那种亲眼所见之后所感受到的不自在。然而，素妍选择了另一种方式。

素妍创立的奖学金组织的目标是：创造更美好的世界，一次只资助一名学生。该组织在不同的国家有不同的资助方式，在柬埔寨，他们还是按照最开始的方式资助大学生；在越南，他们选择那些家境最为贫困、学习成绩优异的学生，并从高一就开始资助他们。因为如果从高中就开始资助，学生们拥有好发展的可能性更大一些。我问素妍："通常帮到一定程度的时候，会产生一种'帮到这儿就够了'的心理。当你越过'要继续帮助'的门槛时，会觉得很困难吗？"素妍是这样回答我的："我算过，那还没到制高点。"那之后素妍又开始给尼泊尔的女学生提供学费和卫生巾，而之前资助的那些越南高中生如果考上了河内的国立或公立大学，她也会继续资助。另外，素妍还资助了韩国的一所孤儿院。令我震惊的是，虽说素妍从事的是高薪专业性职业，可从现实来讲她既是独立开办律师事务所的个体经营者，又是担负家庭责任的一家之主，即便如此她还是坚持将收入中的大部分用在了别人身上。

素妍

除了日常花销，我所有的钱都用在了助学事业上，结果是我没有任何储蓄和投资。在当地看到那些学生后，我没有任何理由不这么做。每个学生一年的大学学费是三四百万韩币（约合人民币一两万元），这对我们来说平摊到每个月并不是一笔大钱，可是对他们来说有这笔钱和没这笔钱，未来会有截然不同的发展。关键是这件事绝对无法和生儿育女同时进行，因为如果有了孩子，所有资源必然会投入孩子身上。如果我要生孩子，就会感受到存钱的压力，正因为没有这种压力，我才会把可自由支配的钱拿出来，哪怕只是花一小点也能改变一个人的人生。我之所以能够支配这些资源，除了不生孩子，与我的律师职业也有很大关系。如果我只是一名普通的公司职员，哪怕不生孩子，首先工作到六十五岁退休就很难，一般五十五岁退休，也就是说距离领退休金还有十年的光景，那么我现在就该忙于生计，无法投身于助学事业中了。我现在能做这些，多亏了我从事的行业没有退休的概念。

父母给孩子花钱一方面是因为爱，另一方面也是在“投资”，不论是为晚年做准备，还是希望能从孩子那里得到金钱或情感上的回馈。这世上真的有哪怕是潜意识里都对孩子不抱任何期待的父母吗？然而在这段无论是血缘上还是法律上都没有任何联结的关系中，她没有任何理由得到“回馈”。素妍投入时间和金钱培养的人才进入社会后，这段关系可能就此结束，那么是什么支撑着她继续投身于这项事业中的呢？关于这个问题，素妍是这么回答的：“首先我的父母并没有用投资的概念来培养我，这对我来说非常陌生。”

素妍

所有人都是一边被这个世界投资一边成长的，我也在投资这个世界。我们这个组织的终极目标是：培养一批女性官员，然后由她们来建立各自国家的社会福利体系。让她们成为公职人员，或进入教育界。举个例子，在柬埔寨，女性很难成为律师，反倒是教师行业中有相当多的女性。另一方面，柬埔寨一市二十四省的教育督导里却完全没有女性。也就是说哪怕只有一名女性成为教育督导，都能改变很多东西，那么社会就能收到回馈，而我也能因此睡个安稳觉，去东南亚旅游的时候也不会感到那么不自在了。尽管可能我到了七十岁的时候，根本没钱去旅游。（笑）最重要的是，这件事从情感上能够带给我很大的满足感。

采访素妍的过程中，我想到了金慧珍作家的小说《关于女儿》。小说中的“我”是一名疗养院的护工，“我”正在照顾一位患有阿尔茨海默病的老人，她的名字叫“珍”。珍耗尽毕生精力帮助社会中的弱势群体，没有家人的她晚年只剩下能够维持疗养院生活的补助金和偶然找来的电视台摄像机。珍过去资助过一名发展中国家的男孩，但走上劳工移民之路的男孩忙于生计，无暇来疗养院看望珍。不知不觉间，珍成了疗养院的“万人嫌”，疗养院给珍安排的设施和待遇越来越差。在这个故事中“我”感受到，做好事未必能如期收获幸福，而是会迎来比那更为现实的结局，因而“我”十分痛苦地陪珍走完了她最后的时光。对于那些晚年无子可依的夫妇来说，不应该尽最大努力多存钱吗？老实说，连我都有点担心，毕竟我的情况也没好到能替别人操心的程度。

可是素妍就毫无顾虑。一直以来，除了助学事业，素妍还积极参加与女性移民、工人、难民等群体的人权相关的社会活动。素妍简直是将自己的人生交出了大半，以作“公共财产”使用。素妍没有购买任何个人保险，用她的话来说，她很乐于见到国家医疗保险不断拓宽保障范围，也愿意将自己的晚年完全托付给国家福利制度。

素妍

我今后也打算一直参加社会活动，我相信等我快七十岁的时候，我们的社会能够对我负责。假如我不能如愿，那就当作是我用人生来做的这场实验失败了。（笑）【采访者：这很浪漫，又……你不觉得危险吗？】是的，风险很大。但我不是很担心，从大方向上来看，不管是以什么方式都能实现……【采访者：通常一个人在社会活动中看到很多不公平的事情之后，很容易对现实感到悲观。为什么你反而很乐观呢？】或许是因为我很乐观，所以我才能参与社会活动。如果我不相信有些事情能改变，那我就什么都……应该说并不是什么都做不了，但我真的相信这世界能改变。因为我一直在努力让这个世界变好，所以“无论如何都能实现”。

在小说《关于女儿》的最后，“我”找到了被抛弃的珍，并将她带回家照顾。和珍一起度过最后光景的是毫无血缘关系的“我”和“我”的女儿，还有女儿的同性恋人。我觉得这本小说讲的是女性的痛苦与尊严，以及她们之间的联结，所以我十分欣慰能看到那丝曙光。我知道在这个世界很难实现，但是听完素妍的故事，我想我大概明白了为什么我们需要积极的心态。

第　二　章

CHAPTER 02

生孩子的是我，为什么不生还要其他人同意？

一场与配偶、父母、朋友关于“为母”的对话

你是如何与配偶达成共识的?

○　　　●

有一段时间，我只要在网络上看到有关丁克的内容就会去读，其中大部分是已婚女性对生育的苦恼，比如，婚后不知道是否该生孩子，需要更多的时间去思考是否要生孩子，或者是因为与丈夫、公婆的关系而苦恼是否要生孩子。每次看到她们抗拒生育的原因或是她们的故事，我都深有同感。可是，通常这些内容下面会有这样的回复：有的制造焦虑——“反正早晚都要生，那就早点生，你这样拖下去万一错过合适时机，会后悔的”；有的令人窒息——“婚前你们有达成丁克共识吗？”；有的十分严肃——“如果婚前没有明说，你这样是违反了契约”。这些回复中总带着几分威胁的味道，好像在说：“你们婚前没有达成不生孩子的共识，现在婚都结了说不生就不生，你们的婚姻算是到头了，都是你干的好事！”

我和丈夫婚前也没有在生孩子的问题上达成“共识”，只隐约记得当时我问他：“要不咱们不生了？”他的态度并没有很抗拒。反而是婚后我们才真正开始考虑不生孩子这个问题，无论是从现实情况还是我俩的性格出发，我们至少花了三年的时间才得出维持现状也能够很幸福的结论。尽管我结婚的时候已经三十五六了，但我不想匆忙做出决定。就这样，我们慢慢地探索彼此婚前未显露的那一面，也聊了很多各自的打算以及理想的生活方式。

善雨

我们恋爱两年半的时候，有一天吃饭突然聊起这件事情，当时我说："我想起个事，我希望我的结婚对象是你，但是我不想要孩子。"大概是这样。我俩都很喜欢小孩，所以当时我担心他会理所当然地觉得我必须生孩子，再加上他比我大几岁，所以当时那句话的隐藏含义是：要是你不同意就快提分手。但是他当时是这么说的："这样啊，我考虑一下。"后来我们开始筹备婚礼，双方约定好跟各自的父母说我不想生孩子这件事。

贞媛

婚前我就很明确地跟他说过，如果要跟我结婚，就做好不生孩子的准备，我是绝对不会生的。当时他没有正面回应，只是说："要是结婚了，总会有一两个吧。"男人都这样。【采访者：对啊，因为太容易得到了。】当时我有点不知所措，后来他也开始倾向于不生孩子，因为他感觉如果没有孩子，那么他就不必一直做自己不喜欢的工作，或是可以放下所谓"一家之主"的重担。这是我之前完全没想到的，他的话也让我从新的角度考虑这个问题，后来我们就自然而然地不生孩子了。

英智

婚前我们讨论过这个问题，我说咱们要么一结婚就生，要么就不生，丈夫说五年之后再生。对这个问题我们各持己见，所以决定慢慢聊，婚后发现我俩的性格不适合养孩子，所以现在根本不聊这个事了。其实结婚以前我们就不怎么喜欢小孩，也不想养小孩，只是大致商量了一下，当时我们心想：要是生了孩子，家里老人应该会高兴，要不还是生吧？但是随着时间的流逝，我现在非常确定自己不想要孩子。

善雨说她是在做好分手的准备后，才提出了不想生孩子的想法，我觉得这非常有趣。因为我知道对一个自己爱到想要共度一生的人表达这种“哪怕跟你分开，我也要过我想要的人生”的意志，是一件多么不容易的事情。但是善雨和贞媛都有给另一半留出时间，让对方考虑是否要过丁克生活，而对方也比较正面地接受了这种生活方式，双方最终在比较温和的氛围中达成一致。而决定“慢慢”聊的英智夫妻也在婚后看清了自己的性格和需求，自然而然地过上了丁克生活。当然不是所有受访者在婚前就表露了不想生孩子的意向，或者说并不都能温和地达成共识。有的受访者经历了相对复杂的过程，比如，配偶的丁克意志不够坚定，或者是配偶想要生孩子。

圣珠

结婚前我只是有过不生孩子的想法，刚结婚的时候还在想：婚都结了，要不就生吧。但是过了一年，我觉得如果有了孩子，我的人生就完了。我工作很忙，丈夫也是每晚十一点才回家。如果有了孩子，首先我要放弃自己的事业，而且可以确定的是我得“丧偶式育儿”。所以我跟丈夫说：“我不想生孩子，这种情况下没法生。”丈夫说：“生了就好了，我会帮你的，会有变化的。”对此我的回应是：“你已经把我的信任磨没了，我不生。”他接着又说：“我也不喜欢孩子，但是爸妈都等着抱孙子呢，怎么也得生一个吧？”见他这么说，我告诉他：“我不认为我们应该为爸妈的期待生孩子，你要跟他们讲明白。”虽然现在公公和婆婆还是想抱孙子，但是我和丈夫之间已经不会因此产生大分歧了。其实我觉得丈夫也不是那么想要孩子。

圣珠就属于“婚后变心”的情况。从现实的角度考虑，她发现无法兼顾工作和家庭（育儿），就明确地告诉丈夫不生孩子。于是我问她怎么看待“婚前共识”。

圣珠

当然，如果婚前达成了共识，会没有后顾之忧，两个人都做好避孕措施再结婚。但也有可能结了婚才有了不想生孩子的想法啊。这不是哪个人的错，因为这跟很多问题有关，比如婚后生活环境、令人产生无法共育想法的配偶、婆媳问题等，这就会使人做出“要想保护我自己，就不要生孩子”的决定，我有自主支配身体的权力。

也就是说，如果不考虑婚后产生的各种可变因素，仅将“婚前共识”作为唯一标准是不合理的。因为有可能婚后才想明白自己或是配偶不适合育儿，或是不想因育儿浪费金钱和时间，或是来自原生家庭的压力会动摇夫妻关系，又或者是育儿有可能影响健康和工作，最重要的是作为怀孕和生育主体的女性的想法有可能会改变。

玟荷

婚前我们没有聊过孩子的话题。【采访者：有些人会在恋爱阶段聊这些话题，是你当时不愿意去想这些问题吗？】是的，我很排斥……（笑）我也说不清楚。我倒不是不想生，是我的未来规划里就没有孩子。我感觉丈夫受公婆的影响觉得至少得生一个，但是他并没有强迫我生。【采访者：如果丈夫提出来呢？】遇到这种情况我通常会说：“不知道，以后再说吧。”或者是：“现在还不是时候，明年再想吧。”先蒙混过关，以后就能拖则拖。

玟荷二十岁出头就结婚了，她并没有尝试和丈夫商量这件事。玫荷不喜欢孩子，觉得现在生儿育女还太早。当然也会有人觉得她是因为年轻，换句话说就是因为想法还不成熟所以才暂时决定不生孩子，但我觉得韩国社会一直在忽视像玫荷这样已婚却不想生孩子的女性的真实想法，这是对她们的压迫和剥削。如果她们初入社会或是收入不稳定，可能会由于经济实力不足，或是在家庭地位中处于劣势，更难坚持自己的想法。玫荷并没有按照公婆和丈夫的期待生孩子，而是选择了走入职场这种迂回的方式。我认为无论今后玫荷做出怎样的抉择，我们都应该充分尊重她当下的想法和需求。

柳林

我和丈夫一直在避孕，后来丈夫想要孩子就停了一段时间，去年我们去医院检查才知道丈夫的身体有一点问题。医生说可以借助医学手段，但我不想这样做。我丈夫不能生，而我又很爱他，所以我也想过“既然他那么想要孩子，要不就生一个”。又不是打死也不愿意生，生孩子也不是什么坏事。但是我丈夫很反对，他觉得本来就不是非要让我生，既然自己的身体有问题，那就更没必要强迫我了。我是一个做事前必须想清楚的人，虽然嘴上说不知道，但我清楚自己并没有非常想要生小孩的想法。这对我来说并不是一件心安理得的事情，应该说我们是被迫放弃了。我心里也很不舒服，我很喜欢小孩，每次看到小孩我都能感觉到自己会一直忍不住去看。我觉得非常矛盾，我到底是想选择事业，还是选择

（生孩子）让包括丈夫在内的家人开心。

如果生孩子的想法不是很强烈，但是你所爱的人想要一个孩子，那么你会做出怎样的选择呢？几年前我在就“育儿劳动”这个问题进行采访的时候，一位女性是这样说的：

“除了我，所有人都在不断地跟我们家老大说你需要一个弟弟或妹妹。我坚持了很久，最后心一横，心想算了，那就给他生吧，然后就生了。”

“给他生吧”，比较令人意外的是，我偶尔能从已婚女性口中听到这句略微有些别扭的表达。首先，她们并没有完全将自己的幸福和配偶的需求分开，加之原生家庭的期待，因此她们放弃了自己的想法，选择了“大多数人的幸福”。所以我觉得柳林内心的复杂情绪是困扰许多女性的普遍问题。如果两个人之间一个满足于没有孩子的现状，另一个觉得有孩子会更幸福，那么他们在寻找共同幸福的过程中，不可避免地会产生一些矛盾。而承受这些矛盾，做出最终决定往往会成为女性的责任。

那么，生育的决定权是否应该公平地分配给将会成为“妈妈”和“爸爸”的夫妻二人呢？关于这个问题，湖静反问我：“可能吗？”

湖静

虽说孩子是需要我和丈夫共同面对的人生课题，但如果非要有一个人做出最后的决断，我认为应该是女性，因为生孩子的是女人。也就是说哪怕一百个人里面有九十九个人同意，但生的那个人不同意，那就不能生。这不是一个少数服从多数的问题。

度允

我认为生育决定权应该给女性。因为怀胎十月的是我，生孩子的是我，哺乳的是我，要忍受这一切并倾尽所有的还是我。那么不该将百分之八十的决定权给我吗？

在京

这世上没有完全对等的关系，就连签商业合同都做不到，更别提从生理上就不同的男性和女性了。每次听到公司里的男同事说“结婚了自然要生几个孩子”，我都觉得很可笑，因为他们说这话的时候就好像自己能决定似的。我认为这话女人可以说，因为怀孕和生育的是她们，男人在这件事上没有任何决定权。尤为重要的是，不能强行要求一个不想生孩子的女人改变她的想法。

采访中，在京是立场最为“偏激”的受访者。我将那些网上的留言拿给在京看后，她是这么回应我的。

在京

我们要注意的是，不能觉得现实中的所有人都是那么想的。就好比那句“如果要丁克，那么婚前就该达成共识”，写下这条留言的人有可能不是这么想的，可能只是常听到这样的话，所以就不加思考地回复了，就像有的人会不走心地说些类似“有了孩子两个人才能不离婚安稳过日子”这种话。而这些观点总是出现在网络上，好像显得很重要，所以才能影响到很多人吧。这很容易被误解为大多数人的想法或人们普遍接受的事实，但你要知道这并不是真的。

在京的观点非常明确，而这也是我一直想听到的话。我的结论是：那些被随意抛出的观点，以及看似主流的观点都不重要，重要的是你要明白自己是什么样的人，你想过什么样的生活，以及要跟另一半充分沟通。你要明白，你们婚前没有责任就所有事情“达成共识”（男人们口口声声说着结婚后一定戒烟戒酒，一辈子只爱你一个，他们的“共识”和“承诺”都丢去哪儿了！）。最后，请记住一件比什么都重要的事情——你有选择不生孩子的权利。

没有孩子，就要和配偶分开？

○ ●

劳拉·斯科特是一名时尚顾问兼作家，20世纪60年代出生于加拿大，后移民美国。劳拉二十五岁左右结婚，可婚后她表示自己并没有“养一个属于自己的孩子的欲望”。四十三岁的劳拉偶然读到了玛德·琳凯恩的《无子女革命》，这本书使她确认自己是“积极无子女（positively childfree）”俱乐部的一分子。“积极无子女”是一种生活选择和态度，通常用来形容那些不打算要孩子，并且对这一决定感到满意、愉快或自豪的人。这是一种主动的、积极的选择，而非由于不能生育或其他外在因素所导致的结果。后来劳拉·斯科特开始收集和自己一样有意识地选择丁克生活的人们的相关资料，但她发现可用资料不多，于是开始投身于该领域的研究。她花了四年的时间翻阅文献，实地采访了居住在北美地区的一百七十一名已婚未育的女性和男性，还访谈了诸多学者，最终写成了《两个人就够了》一书。这本书中收录了各种事例和统计分析，而其中我印象最深刻的是某一章的序言。

初次将这本书交给出版社的时候，我非常担心丈夫会突然对我说其实自己想要孩子。某次我在电视节目中宣传这本书，我开始想象自己正在接听一位女性的电话。想象中的那名女性自称我丈夫私生子的母亲，她在电话里以忽视丈夫需求的罪名判处我无期徒刑，并揭穿了我和丈夫看似幸福却没有孩子的婚姻是一场谎言。[17]

这段文字给予我震撼的同时，又令我安心。原来有这种担忧的不止我一个人！

丈夫和我不同，他并不讨厌小孩，他还明确地知道自己能照顾好孩子。丈夫上学的时候曾在跆拳道馆做过兼职，主要工作就是陪几十个上幼儿园和上小学的孩子玩耍。丈夫说如果有小孩尿裤子或是拉裤子，他就要帮着洗澡、洗裤子，虽说听起来不可思议，但这也表示如果我们结婚有了孩子，丈夫一定比我更擅长照顾孩子，这点让我感到十分庆幸。无论是体力、耐力还是对弱者的关怀，丈夫都具备了十分优异的育儿条件。婚后我想要维持没有孩子的生活，但偶尔也会产生各种担忧。我会担心自己是不是太早告诉丈夫不想生孩子了，丈夫其实是想生的，或许是因为考虑到我的心情，才决定只字不提。如果丈夫和别人结婚，会不会成为一个好爸爸呢？即使没有孩子，我们也能一直幸福下去吗？虽然我一直觉得自己没必要感到抱歉，但我总是会有意无意地产生一些小小的负罪感。

有一天，我做了一个梦，梦里有个人问我："你真的决定不生孩子吗？"第二天我就鬼压床了，当时我感觉自己抱着一个很重的孩子，孩子一直哭闹不肯睡觉。我用筷子夹起一块肉给他吃，他迅速吃掉然后变得更重了，我快要窒息了。我怎么也摆脱不掉这孩子，最后实在喘不上气，就从梦中惊醒了。醒来后直到确定怀里没有孩子，我才感觉到怀里的重量消失了。我偶尔会试探丈夫："没有孩子你不后悔吗？"他的回答没有任何问题，有问题的是无论他怎样回答，我心中的焦虑都无法得到消解。

我很好奇其他女性是否也会有这样的担忧，圣珠是此次的第一位受访者。有一次我参加一个图书活动，当时我突然向在场的几位女性提问："我准备写一本跟决定不生孩子的已婚女性有关的书，我该如何去寻找这些女性？"听完我的问题，其中一名女性回答："我姐姐就是这种情况，现在人在国外，下个月回韩国。"后来在她的介绍下我认识了圣珠。初见圣珠，她的头发扎得很利索，眼神坚定，我还得知她每天早上都会雷打不动地在家里运动九十分钟，我感觉她是一个不管做什么事，只要下定决心就能做得干净利落的人。那天我给圣珠讲了劳拉·斯科特的故事，还问她是否担心会因为没有孩子而和丈夫分开。

圣珠

我的丈夫没有明确表示过不想要孩子，所以我偶尔也会觉得抱歉，会想或许他自己也搞不清楚，只是因为我十分强烈地表示过不想生所以才放弃的。但如果问我是否担心丈夫

因为没有孩子而离开我，我完全不会有压力。那么想生的话，离婚生一个就好了。（笑）

圣珠的回答非常干脆，看着她放声大笑，那一瞬间我发现这就是我一直以来想要的解脱。眼前的这位女性十分坦然地表示“有可能因为没有孩子而离婚”，我觉得十分开心。后来圣珠是这么说的。

圣珠

我不害怕离婚，我害怕的是失去自我和伤害我自己。我很爱他，但如果和他在一起的代价是破坏我自己，那我觉得这样的生活大可不必。任何人如果持续伤害我的自尊，不管是丈夫还是别人，我都会毫不犹豫地离开。

部分受访者的配偶在不生养孩子方面表现出了与受访者相似甚至更为积极的意向，这些受访者在面对是否担心丈夫离开自己这个问题时，她们的反应大多是从来没有过这些担忧。其中湖静这样说：“我非常惊讶，这世界上竟然会有男人为了一个还未到这世上的孩子，放弃自己所爱的人。”另一方面，也有受访者会受他人或媒体的影响，被动地产生这种焦虑。

智贤

有一次，我去妇产医院体检，医生对我说：“就算你很确定自己不想要孩子，但你丈夫未必这么想。”还说为了以防万一先冻个卵。反正怀孕的人是我，再加上冻卵要花很多钱，所以我就拒绝了，但心里多少会有点担心。于是我问丈夫：“等我四十岁，你会不会去找别的女人生孩子？”丈夫是这么回答的：“首先我没有那个精力，其次我嫌麻烦。”（笑）后来我想了想，如果将来有一天我生不了但丈夫又想要孩子，那他就不是我曾深爱的那个人了，我该毫不犹豫地离开他。

利善

我问过丈夫，如果有个女人跑来说怀了甚至已经生了他的孩子，他会怎么做。我丈夫以前很想要个孩子，他要是看到有个孩子像是跟自己从一个模子里刻出来的，应该会很喜欢那个孩子。电视剧里不是常说血浓于水吗？（笑）虽然丈夫说根本不可能，但如果真发生这种事，他应该还是会跑过去当一个好爸爸吧？【采访者：电视剧里常出现这样的情节，女人留下一个孩子后不辞而别或是离开人世，于是女主角担起了与丈夫共同抚养这个孩子的重担，而编剧总是会把这种行动刻画得美好而又值得赞美。】电视剧里的女主会说：“这孩子我来养。”换作是我应该不会这么做。

部分受访者对当前的婚姻生活感到比较满意，她们之所以会选择毫不犹豫地离婚，其深层原因就藏在英智的这段话中。

英智

如果我没有经济能力或是依附于丈夫生活，应该会害怕分开。我会有这种担忧，并不是因为没有孩子，而是因为一个不能独立生存的女性对丈夫和家庭的依赖程度太高了。

从这个角度来看，对于跟随丈夫迁居的秀婉来说，离婚就不是一个简单的问题了。

秀婉

一想到离婚我就压力很大，是回韩国呢，还是独自在法国生活。我也不知道是不是自己太天真了，我从没想过丈夫会因为我们没有孩子离开我。如果他真的非常想要孩子，在如今这世上，总有办法养一个孩子。我不打算冻卵给自己上一层“保险”，但如果我们心理上和金钱上都准备好了，可以考虑领养一个孩子。

通常大家认为“要孩子”“生孩子”和“养孩子”之间是有关联的，实际并非如此，比如，怀孕的尽头并不一定是生育，也并不是所有生下孩子的女性都会抚养孩子，而所有孩子的母亲也并不一定是孩子的生母。尽管“有个孩子就好了”和“想生一个我和丈夫的骨肉，好好抚养”看似一个意思，但秀婉的这段话让我开始思考或许并非都是如此。如果说这是一个总有办法养孩子的世界，那么如果一个人正在抚养的不是“自己的骨肉”，他能够做些什么呢？

最后，我想放一段与圣珠角度不同的回答。

宝拉

公公虽然没有直接对我说过，但是他曾经对丈夫说："你不觉得作为长子应该生个儿子吗？"当时我一听这话，就感觉早晚有一天我会被赶出家门。我也想过要是真到了那一步大不了我就走，但实际上我不想走到那一步。（笑）

宝拉的这番话如此坦诚，在一旁听着的我又笑了。是的，哪怕嘴上说"大不了离婚"，但毕竟曾经和他一起度过了很多幸福的时光，如果真的走到分开那一步，事情就会变成"不想走到那一步"了。这和实现经济独立又是两码事，和那个曾经一起生活、关系亲密的人疏远甚至分开，并不是一个简单的问题。但是和各位受访者聊过之后，我对离婚所抱有的那种未知的担忧不再那么强烈了。一方面，我觉得丈夫是我的灵魂伴侣，要尽可能地跟他走得长远一些；另一方面，在离婚这件事上我的压力不像之前那么大了。如果有一天我们彼此变得疏远，那是因为我和他的关系过了保质期，而不是因为我没有让我的配偶"成为父亲"。再者，此刻我很清楚，即便有一天我们会因某种原因分开，那也不意味着这场婚姻的失败，那只是一个阶段结束了，而且我们在婚姻里共同度过的时间也并不是毫无意义的。

四面楚歌——来自婆家的压力

○　　　●

“婚姻就是腹背受敌下签署的不平等条约。”

这是我偶尔会想起的一句话，它出自我的一个已婚已育的女性朋友，我和她是一起听女性暴力课程时认识的。当初我们觉得这话很好笑，但其实我们也清楚这并不只是句玩笑话。

只要夫妻俩在不生孩子这个问题上达成共识，就可以不再继续讨论了吗？我自然想给出肯定的答案，但在韩国的语境中答案是否定的。因为在我们的社会中，“结婚不是两个人的事，而是两个家庭的结合”不被看作该舍弃的糟粕，反而更像是古今通用的真理沿用到今天；而从结婚筹备开始就被父母左右，婚后更是苦不堪言的夫妻更是屡见不鲜。对于不想生育的已婚女性来说，带给她们最大压力的无外乎公公婆婆了。很多时候，一个女性从结婚的那一刻开始，她的“身体”就成了婆家的私有财产，她将无法再用自己的意志和想法支配自己的身体。生育是她的“身体”应尽的基本义务，甚至公公婆婆干涉儿子儿媳性生活的事情也屡见不鲜。有时作为“内部人士”的丈夫也会不顾自己的自由意志，只为满足父母的期待而产生生育的想法。我很想知道有多少已婚男性是抱着“爸妈想抱孙子，我想满足他们的愿望尽孝”的想法来劝妻子生孩子的。

玟荷

新婚旅行回来，公公婆婆就跟我提生孩子的事了。他们说想快点抱孙子，还说反正都要生，不如头胎就生个儿子吧……一般我是不正面回应的，就笑两下糊弄过去了。要是我丈夫说“现在大家都生得晚，没孩子的家庭也多了去了”，我公公就会发脾气，他是个非常传统的人，他会说：“我怎么没见到过？明明大家都有孩子。”一旦还嘴，这话题就没完没了了，所以我跟丈夫说：“以后别回答了，不吱声就好。”但是几个月前我们参加家庭聚餐，公公喝了酒问我什么时候生孩子，还责备我去年资格证考试没通过。这话让我彻底崩溃了，我哭着跑了出来。那之后公公就再也没提这事。

圣珠

婚后三个月，有一天我在公司接到婆婆的电话，她问我们是在避孕吗，还一直问我为什么不生孩子，什么时候生孩子，我当时开玩笑说：“我得赶紧当上老板，好多给您买些好吃的尽孝啊！”婆婆说：“现在是说这话的时候吗？生孩子才是最要紧的啊！”我们一起逛商场的时候她会特意带我去童装店，还跟我说：“这件好看吧？你得赶紧生孩子，有了孩子我才好给你们买啊。”我当时回答婆婆说我要去读研。今年过年的时候婆婆又跟我说："今年让我抱个孙子吧。"【采访者：一般这种时候你丈夫什么反应？】他就当没听见，什么反应也没有。我要是反驳，他就会说什么老人年纪大了。我担心如果跟婆家说我们想一直过二人生活，会让丈夫为难，所以就这么强撑着。但如果他们总是给我们这么大压力，我可能真的会爆发，也就是说直接把他们的希望连根拔起。（笑）

宝拉

婚后一年左右，婆婆问我："那个……你们不打算生孩子吗？"当时我按照朋友之前教我的回答："我们也努力了，但就是怀不上啊。"说完婆婆就拉着我单独去了另一个房间，还问我要不要做试管，我说我们看着办，然后就出来了。后来再去婆家，婆婆说朋友的女儿做了试管，还说："这都什么年代了，谁说做人工授精的就是身体有毛病。"听完这话我就很清楚他们是怎么想的了。（笑）【采访者：原来他们觉得你们有"毛病"。】是的，大概就是虽然他们觉得那是有毛病，不是什么正常事，但他们可以不在乎，可以帮我们想解决办法。所以我当时态度强硬地说"还没到那一步"，后来他们就不提了。他们偶尔会试探我丈夫，见丈夫的回应也很强势，这事就没下文了。

关于催生，玟荷非常烦恼，因为她觉得"虽然暂时不说什么了，但不知道什么时候又要重提”；圣珠则觉得“能拖则拖，实在拖不了再想办法”；而宝拉打算“先拖三年到丈夫四十岁”，然后跟婆家坦白不打算生孩子。宝拉在采访中说：“我不想因为这件事制造家庭矛盾，一旦我正式宣布不生孩子，立刻就会掀起一场家庭大战。长辈们肯定会为了让我们改变心意而奋战到最后一刻，我和丈夫也只能一直抵抗，现在我们闭口不提，那就是暂时停战状态。”宝拉很好奇其他丁克夫妻是如何制定说服周围人的策略的，但我只知道大家除了“夫妻双方各自抵挡来自原生家庭的压力”这个大原则，并没有什么有效的方式。

令我感到意外的是，只有不到一半的受访者强烈地感受到了来自婆家的催生压力。当然，大部分公公婆婆会“委婉地”表达想抱孙子的想法，但是作为当事人的媳妇儿们并不会对此感到非常不愉快或是觉得很有压力，而且还能从矛盾中挣脱出来，这点让我觉得很有趣。产生这种情况的影响因素大致如下：第一，配偶的情绪不受父母支配；第二，配偶的经济不依赖于父母；第三，配偶的丁克意志坚定；第四，女方收入稳定或是高于配偶。满足两点以上的女性表示自己很少甚至从未感受到来自婆家的催生压力。

事实上关于公婆对丁克夫妻的干涉我还有一个疑问，简单来说就是：父母为儿子准备了婚房，那么他们是否因此就拥有了要求儿媳生孩子的权利？当然不是这样。然而在经合组织成员国的性别工资差排名中，韩国以36.4%的男女工资差距排名第一，所以子女结婚时父母对儿子和女儿差别对待也成了很自然的事情。2020年，一家婚恋公司关于结婚时应该从父母那里收取多少资金支持这一问题，对220名单身男女进行了问卷调查，其中51.8%的人选择了“如果父母经济条件有限，只收部分结婚成本”；33.2%的人选择了“收取结婚成本的大部分”；10.5%的人选择了“分文不收”；4.5%的人选择了“收取全部结婚成本”。[18]当前购房成本升高加上劳动雇佣市场的不稳定，假如没有父母的经济支持，结婚便成了一件很难的事情。而从经济逻辑上来讲，“拿了钱，就要办事”，这便引发了一个社会问题，那就是侵犯了作为生育主体的女性的权利，更是揭开了婚姻其实是一场交易的社会现实。

英智

有一次，丈夫的大伯问我为什么不生孩子。我当时非常生气，就让他去问我丈夫我们有多少债务，以及丈夫每月有多少收入，后来他就没提过这事了。我们俩结婚的时候都没拿家里一分钱，两个人拿出各自的存款一起承担婚礼费用，剩下六千万韩元（按照英智结婚时2010年的平均汇率，约合人民币三百四十二万元）又贷款租了全税房[19]。刚结婚的时候，我婆婆经常跟我说：“我要是有钱，你对我还会是这个态度吗？”直到现在她还偶尔跟我开玩笑：“就是因为我太穷了，你才这么瞧不上我。”因为我结婚以后一直不是个会去婆家干活的勤快媳妇。

我和丈夫谈婚论嫁的时候，情况也跟英智差不多。我们俩都不属于高收入人群，但是到了三十五六岁，我们也都有一些存款，又跟银行贷款在首尔全税租了一个远低于市场价的老旧公寓。从一开始我们就没打算跟两家老人要钱，从婚礼到现在的婚姻生活，我和丈夫几乎没有受到过任何来自长辈的压力。很多已婚女性都说："反正他们肯定要插手，那与其找个没钱的婆家，还不如找个有钱的。"从现实的角度来看我似乎能够理解为什么她们会达成这样的共识，但是这种"谁也不欠"的状态让我觉得很舒服。我能够跟和我条件相同的人走入一场平等的婚姻，多亏了父母给我提供的社会基础，当然也有来自各个方面的运气成分。然而无论是前述的性别歧视现象，还是韩国式父权制传统，这些都在不知不觉间将许多女性变成了"乙方"。

玟荷

我和丈夫买婚房的钱一半是银行贷款，另一半是婆家出的。二老应该是想出钱给自己儿子买房，不是为了我才买的房，但我当时没想那么多。我只觉得反正我爸妈也给了彩礼钱，那就算两家扯平了，但刚才听您说完我才想明白，怪不得当初结婚才一周就跟我提孩子的事。（笑）

在采访的过程中我有了新的感受：男方父母的经济支持和催生压力并不一定成正比。有的公公婆婆觉得如果婚前准儿媳没有工作，自然应该给予一些经济上的支持，再者儿子结婚的时候父母理所当然要为儿子置办婚房，不必为此给儿子儿媳施加生育压力。也就是说，“具体情况，具体分析”，在公婆催生这件事上，地域不同，情况不同，自然也就存在各种不同的变量。

然而随着采访的深入，我发现与选择不生育最密切相关的因素可能是资产。而通过在京和智贤的话，我也确认了一个事实：即使是我们凭借自由意志做出的选择，这个选择也只局限于我们所处的现实环境之内。

在京

我觉得一个人的资产越多，生孩子的概率就会越大。我听人说婆家得看到孙子，才会亮出真正的身家。就说财产这个事吧！众所周知，孕产会造成一定的机会成本损失，但我们有许多种方式将这种损失降到最小，如果我能从家里获得足够的经济支持或是我能赚那么多钱，可能我的想法会不一样。我身边就有那种能力强、经济条件好的朋友，能用钱来搞定育儿（不必亲力亲为），他们对工作的投入甚至连身边的人都察觉不出原来他们有孩子。

智贤

虽然我和丈夫结婚的时候也得到了一些经济支持，但如果当初得到的是一大笔钱，比如在孔德街区给我们置办一套价值十亿韩元（约合人民币五百万元）的婚房，我们可能会生孩子。（笑）虽然这么想不好，但我觉得长辈没有理由白给这笔钱，他们自然是有所图，而我们收了钱就得有所回馈。【采访者：如果收了钱，但实际上依然不想生孩子，这样也没关系吗？】可能会很累吧。表面上我会带着“住在某某公寓”的优越感，但实际上身心俱疲，就这么过一辈子。（笑）

我从智贤这段话中体会到的是，如果婆家给予一定的经济支持便能解决生育上的顾虑，这反倒是件好事。我有时候会看一些展现“婆媳关系”的综艺节目，其中有一期讨论的主题是：爸妈从结了婚的儿子那里拿到了家门密码，他们有权自由出入儿子儿媳家吗？令我震惊的是，节目中大多数人认为：“如果房子是婆家买的，那儿媳自然要忍着。”男方父母又不是在房产证上写了儿媳的名字（当然如果写了还随便进家门，那又是另一个问题了），明明只是给儿子买的房子，却理所当然地让儿媳接受自己随意入侵夫妻私生活这件事，这不是很奇怪吗？我认为这跟婆家要求或是强迫儿媳生孩子也是差不多的逻辑。他们仍然将早已成年的子女当作自己的私人财产，也不尊重儿媳的独立人格。当然，那些没有给予经济支持的公婆未必就不会强迫儿媳生儿育女。总而言之，要想避免婚姻成为不平等条约，必须达成的首要条件是非常明确的——配偶必须是比其他任何人都坚定的盟友，他（她）需要顽强地抵抗进犯我方阵营的外敌。

四面楚歌——来自娘家的期待

○　　　　　●

去年年初，我接到了母亲打来的电话。平日里和朋友打电话经常是打着打着就一个多小时了，但我母亲平生最痛恨的就是高额的电话费，所以通常没什么要紧的事她绝不会跟我打三分钟以上的电话。可那天我们寒暄了几句之后，母亲聊起了过年这阵跟大姨、小姨一起算运势的事情，接着话题就非常自然地……

母亲：算命先生说今年你们要是生孩子，一定会是个福星。他原话是这么说的："是个非常机灵可爱的孩子，您就劝他们生吧。这孩子非常旺您的二女儿，如果您也在身边多加照拂……"如今不用帮你姐姐看孩子了，先生还说现在生孩子会对你的人生大有帮助。这孩子一出生，你们的事业就会蒸蒸日上，这就是缘分啊。还说现在也不晚，让我千万别忘了。

我：你别说了，我不生。

母亲：你住嘴！水原大叔和富川大叔都这么说！

我：哈哈哈哈！

本来我对母亲的话没什么兴趣，可越听越好笑，甚至想要立刻把这段对话记录下来，于是便打开了电脑开始写，这又是一阵止不住的爆笑（水原大叔和富川大叔是母亲常去的算命店的先生）。此时我放到一旁的手机里又传出了母亲的大喊声："你！别笑了，给我听好了！"挂掉电话之后越发觉得好笑，那些没生过孩子的大爷坐在小屋里，就这么随随便便地（甚至还收了钱）对着连面都没见过的别人家的女儿"指点江山"，让人家生孩子，简直是离谱至极。再说了，生完孩子后的一段时间是没办法工作的，竟然说什么生了孩子事业就蒸蒸日上，那我生完孩子，他是不是要付我稿费和奶粉钱？

令我非常意外的是，并不是只有我见识过这个"传统艺能"，我身边的几位丁克女性朋友都从算命回来的母亲那里听过类似的话。什么有了孩子大运才会来，什么老了以后有儿孙福，什么要是不把这个孩子生下来会出大事。所以韩国"易术人"协会和高龄少子化社会协会是低调地达成了战略合作关系吗？

我们之所以会反感婆家催生，是因为当一个没有生养我的"外人"试图对我的身体行使统治权的时候，我们立刻就会感到不适，然而原生家庭对我的期待是需要我自己去解决的问题。无论是家族关系还是家人间的情感，每个家庭都不一样。

柳林

有一次，我在电话里跟我妈说我以后不生孩子，我妈完全吓到了，搞得我心里也很不是滋味，毕竟谁都不愿意看到自己的家人伤心难过。当时我就觉得自己不该说，所以我又补充了一句："我选择走这条路并不是因为别人，也不是有什么特殊原因，只是因为这是我想走的路。妈，这是为了我自己，希望你能支持我。"我妈听完好像明白一点了，虽然后来我跟她说朋友的孩子很可爱，她还是会说："你是不是也该改变想法了？"我妈会去教会做凌晨祈祷，感觉她会向上帝祈祷让我生个孩子。【采访者：决定不生孩子以后，你对父母有什么样的感情？】内疚……哪怕我并不觉得我应该对此感到内疚。有一件事情很奇怪，几年前我妈生病的时候，我突然冒出了生个孩子的念头，我自己都被这个想法吓了一跳。我感觉好神奇，自己竟然会有这种想法。怎么形容那种感觉呢，该说是孝顺吗……

我能理解那种明知自己不该对此感到内疚，但依然很内疚的心情。四十年来，我的爸妈一直很爱我，他们因我而感到幸福，我自然想拼尽全力让他们开心。婚后每次母亲随口来一句"该生孩子了"，我都会生硬地回一句："哦，我不会生的。"但母亲下次还是像没听过一样，又来一句："今年该生孩子了。"后来母亲似乎实在难以理解，有一天她非常沮丧地跟我说："我从来没想过自己的女儿会不想生孩子。"听完那话我心里五味杂陈，其中就有内疚之情，但即便如此也不能改变我的想法。

贞媛

我偶尔会给妈妈发我们家狗的照片，我妈都说好可爱，但又会不着痕迹地补充一句："你的孩子会更可爱。"（笑）我每次要么不回应，要么就反问她是要帮我养吗？最近我改变策略了，每次给她发小狗的照片，下面还要来一句："快来看你的大外孙。"【采访者：你已经成年了，但是你的母亲还是那么爱你、宠你，你会不会觉得这件事很不可思议？】是啊，我很感谢她依然爱我、为我担心，但我觉得她不应该这样。我外婆到现在还总是担心我妈，虽说亲情是永恒的，但我不可能一辈子都承受这种来自父母的担心。

湖静

我母亲曾经在我耳边唠叨了三年生孩子的事情，她会没完没了地重复那句"只生一个也好啊"。我觉得不需要跟她讲道理，每次都会直接跟她说我不要，后来我没忍住发火了，她就再也没提过这事。【采访者：你会因为自己没能让爸妈抱外孙而产生负罪感吗？】他们为了让我产生负罪感，故意给我看朋友家孙子的视频。（笑）看到他们看着别人家孙子的视频时那种高兴的样子，我确实会有点内疚，但毕竟任何人都不可能拥有一切。事实上我妈在我身边这么多年，她应该已经知道自己的女儿将来不会生孩子。

其实我的母亲似乎也知道了，她知道我这个亲戚间公认的“倔驴”一旦下定决心就绝不会反悔。只是，要让她完全放弃，还需要一些时间。而且姐姐的孩子出生以后，他们就没必要看着朋友家孙子的视频羡慕人家了，这也慢慢打消了我心里的内疚。当然，如果可能的话，我希望所有不想生孩子的女性都不会因为别人而产生负罪感，或是感到内疚，觉得心里有愧，又或者是觉得自己“不孝顺”。所以我至今还在思考珠妍给我讲述的这段关于母亲的故事。

珠妍

几年前我母亲去世了。刚开始我跟她说我不生孩子了，她说：“行，别生了，孩子是枷锁。”【采访者：这一代人能说出这样的话，是不是很少见？】在我看来，我母亲没有自己的人生。母亲家境不好，没上过几年学，从小到大一直帮家里做家务，结婚以后还要一边赚钱一边养活好几个孩子，她应该觉得很累很遗憾吧！可能因此她才会跟我说：“不管你做什么，我都希望你能做自己擅长的、想做的事。”

和母亲打完那通问题电话之后又过了一年，也就是今年年初，我回娘家的时候母亲问我在写什么书。我当时觉得该来的终于来了，所以做好了心理准备，小心翼翼地跟她说：“是一本关于决定不生孩子的女性的书。”母亲先是用一种“这世上真是无奇不有”的表情看着我，然后轻叹了一口气，最后用一种仿佛是在说别人家事情的语气对我说：“你得写生孩子啊。如今咱们国家最严峻的问题就是人口悬崖问题，真是担忧咱们国家的未来啊。”

母亲没有继续说下去。虽然她非常担忧国家的未来，但似乎已经不想再干涉我的人生了。我瞬间觉得自己解脱了，便放声大笑了起来。

如何避孕？

○ ●

在后面将提到的《不是每个女儿都想当妈妈》中，很多人对丁克夫妻抱有一种偏见，他们觉得："明明是你们生不了，却偏要装作一副不想生的样子。"这话不仅是对不孕夫妻的贬低，也是对丁克夫妻的不实指责。我的采访对象中大部分人都表示一直在使用避孕套，有的人根据自己或是配偶的实际情况也会采取其他避孕措施，还有的人像我一样会同时使用避孕套和口服避孕药两种方式。采访中部分受访者表示为了更有效地避孕，曾尝试诸如输卵管结扎手术、曼月乐避孕法（节育器被置入子宫后，每天在子宫内释放微量荷尔蒙）或是口服紧急避孕药等方法，我自认为自己的避孕措施已经很严谨了，但大家的各种尝试又勾起了我的兴趣。

玟荷

我二十三岁结婚，当时很多朋友问我是不是"超速"了，是不是奉子成婚，让我喝口酒看看。去年我四个结婚的朋友里面三个都是奉子成婚，大家基本都是这种情况，很少有人像我这样没怀孕却早早结婚的。【采访者：你们是怎么避孕的？】我们用避孕套，不吃药。【采访者：不是有很多男人不喜欢用避孕套吗？】反正我们一直在用。我知道有很多不用避孕套的人借口说不舒服，有时候听身边朋友说起这种事情我感到很不可思议。尤其是那些性伴侣不稳定的人就更应该用了吧。

圣珠

我认为选择不生孩子的都是责任心很强的人，他们应该知道自己无法尽心尽力地照顾孩子所以才不想生。我和丈夫的避孕措施做得很彻底，我绝不容许这件事出现任何疏漏。目前我们采取的避孕方法是避孕套。【采访者：虽然概率很小，但你们是否想过使用避孕套也可能会有问题。】我知道，所以通常如果我们用了避孕套还觉得不放心的话，我会吃紧急避孕药，我希望能做到万无一失。

素妍

去年过年，我们一家聚在一起吃团圆饭，走的时候婆婆问我："今天这话你不爱听我也要说，我看你最近面色不错，还胖了一些，是不是有了？"听完这话我毫不犹豫地说："妈，这绝不可能！"因为那时我已经在用曼月乐节育环了！可能是因为我没有婉转地说"怎么可能呢，妈"，或是稍微解释一下再说"这绝不可能"，所以婆婆的表情显得非常震惊，说："哦……是这样啊。"（笑）当时我们正在电梯门口道别，大伯和他儿子都在，所以没多聊我们就走了。我四年前就已经上了节育环，当时我们对生孩子这件事有点举棋不定，但是上了节育环之后感觉也没必要特意取出来备孕。通常曼月乐节育环需要五年一换，听说最近又有了更先进的技术。

贞媛

婚后一年丈夫就做了结扎手术。不知不觉间，丈夫想要过丁克生活的意志甚至变得比我更坚定了，可能是因为他见哥哥家虽然收入不低，但养三个孩子日子过得紧巴巴的，所以开始思考很多现实的问题。我们下定决心以后，丈夫就去了医院，他说医生让他再考虑考虑。但他当时已婚又意志坚定，所以后来才给他做了手术。

在京

以前听到大家说"怀了就生呗"我会觉得很不满，但如今再听这话，哪怕我不理解也不会放在心上。决定生还是不生是一件很令人为难、需要深思熟虑的事情，但他们却要把这交给命运，这能不能算是一种"韩式赌博"呢？（笑）我觉得自己的控制欲比大部分韩国人都要强。我妈问我怎么做到做事没有一丝失误的，那是因为她不了解我。在避孕方面我一直做得滴水不漏，避孕药也吃，避孕套也用，最近在考虑上曼月乐节育环。我丈夫在咨询结扎手术，医院一听我们还没有孩子，让他慎重考虑之后再来。

度允

我不能吃避孕药，好几次吃完避孕药，眩晕症发作差点昏倒在路上。因为我一吃避孕药就产生不良反应，所以我们就用避孕套了，但我很介意避孕套的有效率不是百分之百。要是哪次没有准时来月经，我就会很焦虑。【采访者：如果意外怀孕了，你会怎么做？】最近堕胎罪成了社会热点，我也就试着想象了一下，要是因为触犯了堕胎罪不给做流产手术，我就从楼梯上滚下去。【采访者：我可能做不到这种程度，我会偷偷去医院。】自然会尽力找医院，如果实在找不到，就喝个酩酊大醉然后从楼梯上滚下去。我丈夫是个相对乐观的人，他说："哎呀，肯定能找到医院的。"（笑）他后来在三十四五岁的时候做了结扎手术。术前医院问他结没结婚，有没有孩子，他说："我的双胞胎宝宝将在十月出生。"然后医院就没再多问，直接给他做了手术。

度允是第四位受访者，在京是第五位。我听完在京丈夫的故事，给她讲了度允丈夫去医院做结扎手术的事，在京当时就两眼放光，跟我说："这可真是个好办法。"

我所采访的女性们都非常积极地使用各种方式避孕，也不会羞于讲述这些事情。但是现实似乎更接近下面的这篇报道：

在韩国社会有一种很难打破的偏见，那就是“避孕是女性的责任”，以及在公开场合谈论性的女人很“轻浮”。根据世界卫生组织的调查，韩国百分之六十以上的女性不主动采取任何避孕措施，而是听凭配偶的安排。韩国是经合组织成员国中避孕套使用率最低的国家，仅占总人口的11.5%（以2015年为基准）；同时韩国女性的避孕套购买率低于美国女性的一半，仅为20%。[20]

2014年，韩国保健福祉部制作了一张宣传避孕的公益海报，海报上丈夫大包小包地拎着手提包和购物袋，而一旁挽着丈夫的妻子头顶印着一句话：“即使把所有都交给他，也请不要把避孕交给他。”这幅海报在当时受到了一些批评。首先，男性文化的性教育中并没有正确地传授避孕常识，且不使用避孕套的行为被视为一种荣誉，在这种文化氛围里，人们不考虑女性很难要求男性使用避孕套的男女权力差异，于是避孕就这样成为女性应该自己解决的问题。再者，近几年我们经常能在电视上看到口服避孕药的广告，广告中通常会将“女性主体性”和“自我管理”等作为营销的重点，与之形成反差的是，不仅能避孕还能预防性传播疾病的避孕套却由于审核标准过于严格，很难在媒体上进行营销。

总而言之，一直以来我都有一个疑问：为什么那些不打算生养孩子的人不好好采取避孕措施？感觉归根结底还是因为“男人不能怀孕”，这让我感到有些难过。无论是夫妻，还是以结婚为前提交往的情侣，如果女方意外怀孕了，通常也会选择生下来，但是一想到这个选择会对女方未来的发展造成很大的打击，我就觉得那句“孩子就是最好的嫁妆”让我非常不舒服。我坚定地认为，对不想要孩子的伴侣来说，人生中最重要的四字箴言就是“无套无性”（不戴避孕套就不能过性生活）。

真希望男人也能怀孕

○　　　●

阿诺·施瓦辛格主演过一部名叫《魔鬼二世》的电影。电影中发明了与怀孕有关的药物的男医生机缘巧合下亲自受孕了，在经历了各种曲折之后他生下了这个孩子，并且和提供卵子的女医生坠入了爱河。其实我并没有看过这部电影，但是海报上阿诺·施瓦辛格抱着鼓起的肚子、瞪圆眼睛的样子给我留下了很深的印象。

圣珠

我准备听的研究生院课程中有一节是跟芬兰的大学合作开设的，讨论的是社会结构设计，这节课的研究课题是日本社会如何设计构建更适合女性工作和育儿的环境。但课程介绍会上介绍的内容却是这样的一个想法——希望在受精卵着床技术得到极大发展的2040年，让男人也可以怀孕。如果男人也能像女人一样生孩子，那么社会是否会变得不一样呢？

圣珠的一番话让我一下子就想到了电影《魔鬼二世》，于是我问她：“如果男人也能怀孕，那你会劝丈夫生孩子吗？”因为圣珠的公公婆婆非常想抱孙子。她听完笑着说：“要求我可能还是会提的，但等到那个时候我丈夫都老了。”那之后，我也试着问了其他几位受访者。不出所料的是，对此想法感到开心的是承受着极大的来自婆家催生压力的玟荷。

玟荷

如果丈夫能怀孕，那当然好了！男人力气大，骨盆也比女人大，应该很快就能恢复，这难道不是件好事吗？【采访者：你觉得你丈夫会接受这个提议吗？】怎么不会呢？我不想生孩子，但他又想要孩子，如果他能生那就自己生呗！

玟荷说得对。如果想要孩子的人自己能生，那么很多矛盾就迎刃而解了。虽然育儿又是另一回事，但仅凭减轻怀孕和生育压力这一点，也能给是否生育这个问题带来一些重新考虑的可能性。就连那些比丈夫更想要成为丁克的女性受访者也这么认为。

利善

【采访者：如果男人也能怀孕，你们会生小孩吗？】我应该会考虑一下，我是觉得可以往好的方向去想。【采访者：可能这正是男人们的想法。】我认为怀孕和生育是最能够与孩子之间产生强烈情感纽带的事情，如果这种纽带不属于我了，那这件事就值得考虑一下了。【采访者：你是说丈夫不仅要怀孕和生育，还要成为孩子的主要抚养者吗？】是的，如果孩子是我生的，即便丈夫说要成为孩子的主要抚养者，最后养孩子的大部分工作还是我在做。生孩子的人自然会想要养这个孩子，对他负责。所以如果我和丈夫互换角色，丈夫生孩子，那么我也会努力赚钱给他足够的经济支持。如果丈夫要生，我绝不拦着他。（笑）

智贤

我倒不至于跟他说“你生吧”，但我很想对他说：“只要你不介意，就没什么理由不生。”对吧……应该会生。虽然这有点自私，但我觉得倒也没有太大的损失。（笑）【采访者：如果丈夫愿意生孩子，你会做孩子的主要抚养者吗？】会啊，但就算另一方说要由他（她）来负主要抚养责任，其实还是生孩子的人承担更多的工作。好在以我丈夫的性格，他应该能撑住，他比我抗压能力强。

秀婉

现在我应该不会生，但如果男人可以生孩子的时代真的来了，那我可能会跟丈夫说：“你先生，你生完我再生。”我身材比较瘦小，丈夫的骨盆比我大，也就是大家常说的“大骨架”，所以他应该比我更适合生孩子。我之所以决定不生孩子，也是因为担心自己的身体，所以丈夫先打头阵会比较好。

我越听越觉得这是个很棒的主意。如果由比我体力好、耐力强，也更会照顾孩子的丈夫来负责怀孕和生育，那么我是不是就能很自然地退居次要抚养者的位置，“帮助”丈夫一起来抚养“我们的”孩子呢？比丈夫少劳累，还能得到一个孩子，听起来至少我没损失什么。虽然让我养孩子，（就像许多爸爸那样）看孩子半天我就会受不了，但想到不是自己生，我觉得心里舒服多了。

SBS（首尔广播公司）有一档综艺节目叫《我家的熊孩子》，节目中安胜浩的母亲李玉珍曾说：“我觉得孩子不是爸爸的，是妈妈的。孩子是母亲怀胎十月诞下的分身。从孩子生下来的那一刻起，孩子爸爸就没做过什么。”

主持人申东烨笑着说：“怎么就没做过什么呢？您这么说我们会很伤心的。”李女士听完又补了一刀：“男人只是找了个乐子而已！”虽说这句话被节目组处理成了节目效果，在画面里打上花字让它变成了一个“有趣的梗”，但我认为这句话是过来人的真实感受。

在幻想男人生孩子的过程中，我们慢慢理解了为什么许多男人会自顾自地说“结婚以后我至少要生两个孩子”，以及为什么丈夫明知妻子平日里忙着照顾老大晕头转向，还能轻易地恳求妻子生二胎。（对于“老大自己太孤单了，得再生一个”这种话，秀婉提出了疑问：“老大真是这么说的吗？难道他亲口说‘没有弟弟/妹妹，我好孤单’？”）假如我不是怀孕和生育的主体，即我和孩子的命运不是连为一体的，这种假设本身就能让我感到自己卸下了许多与生儿育女有关的担子，轻松了不少。哦，所以他们才能那么泰然自若地提要求啊！虽然梦就要醒了，但我所获得的启发真的非常受用！

幸好只是侄子，而不是我的孩子

○　　　　　●

我的女性朋友中有几个“侄子奴”和“外甥奴”，只要关注她们的社交账号，就能发现她们每天都在分享侄子或外甥的照片、名字、生日、喜欢的颜色、最近爱唱的歌等个人信息。这些优秀的姑姑或是小姨每到圣诞节或是孩子生日，甚至只是一个稀松平常的日子都会精心给孩子准备礼物，也会跟孩子一起度周末，有时还一起去旅游。我感到很震惊，因为她们十分享受这个过程。

我也有正在上幼儿园的外甥，他们都是我姐姐的孩子，老大喜欢汽车和数字，老二喜欢笑，也很爱吃东西。老大出生在寒冬，老二出生在晚春……总之，大概就这些。对两个外甥来说，我不是个好小姨，甚至是陌生的小姨，所以每当我看到身边的“外甥奴”，心里都会有些羞愧。都说侄子、外甥比自己的孩子还亲，我怀疑自己有问题。

度允

以前，我妈老说我要是有个外甥一定会很疼他，但等到真有了个外甥，我心想：哦，这是个婴儿啊。哦，原来是我外甥。

真是松了一口气，幸好不是只有我是这样的。

利善

有一次，姐姐问我："看到外甥，是不是就想生孩子了？"其实我的想法正好相反。我结婚之前，姐姐曾经带着刚生下来的孩子来父母家小住过一段时间，那时我才发现育儿的真相。当时我妈很累却非常自责，她觉得照顾外孙本就是外婆该做的事情，不明白自己为什么会这么累；可我姐把母亲的帮助看成理所当然，我这个旁观者都觉得很难过。当初我要是没亲眼所见，可能就生了。

我和利善都有一个姐姐、两个外甥，所以在这个话题里我们特别有共同语言。可能你们会感到很不可思议，外甥出生以后我才知道婴儿是没法自己入睡的。困了就闭上眼不就好了？不是的。孩子喝完奶以后，需要有人拍打背部帮他打嗝，否则会吐奶，而且需要将他抱起来轻轻拍打才能让他停止哭闹慢慢入睡。写完这段的时候我依然感到难以置信，于是我向二胎刚出生一百天的朋友咨询，从她那里我得到了这样的答复：

"如果我坐着抱他，他根本就不会睡。因为孩子的脚会滑下来踩着妈妈的大腿保持站姿，所以要想把他哄睡必须抱着他来回走。而照顾孩子的那个人，在经历过这个过程以后，手腕、肩膀、腰部，还有精神都会感到非常疲惫。”

啊，照顾孩子原来是一件如此低效的事情！

在我看来，仅凭父母两个人的力量抚养孩子，几乎是不可能的。真的最少需要三个成年人，甚至是四个成年人。我父母住得离姐姐家非常近，这些年小外甥慢慢长大了，他们一直都在帮忙照顾他。不出我所料，连住得不远的我，都偶尔会在发生紧急状况时收到帮助请求，我每次去都非常心不甘情不愿，常把不满挂在嘴上。但同时我会觉得抱歉，觉得有些于心不忍。姐姐跟我不同，她什么事都会提前保质保量地完成，如果没有孩子，以她的性格绝对不需要寻求我的帮助。话虽如此，但也绝不是说下次姐姐叫我去帮忙，我就会欣然前往。

利善

我最不喜欢的就是看到姐姐发来“小姨”，而不是“利善啊”。每次看到以外甥的口吻发来的短信：“小姨，今天去哪儿玩啊？”我就会感到心烦意乱。太卑鄙了……这么发很难拒绝啊！可我明知如此，还是会去。（笑）前几天去了游泳馆，因为姐姐一个人很难带两个孩子，所以就叫我去帮忙，我心想就当是去献爱心了，结果真的太累了。那天结束以后我感觉回家真好，结束了真好，那一刻真的很幸福。而且因为已经陪着去了一次游泳馆，短时间内应该不会找我帮忙了吧？毕竟陪孩子去游泳馆玩非常累。

竟然是去游泳馆，我只是想想都觉得很累了。但是利善接着问我："您不觉得姐姐生了小孩，自己轻松了很多吗？"确实是这样。有一次，我见到母亲抱着三岁的小外甥唱《儿童演奏队》，嘴里哼着"嗒嗒嗒嗒嗒嗒，小拳挥啊挥，嗒嗒嗒嗒嗒嗒，我是小傻瓜"，只要母亲一唱"嗒嗒嗒"，外甥就跟着大笑。母亲看着外孙满脸洋溢着幸福，那一刻我内心充满了感激，因为如今有个人能替我把我给不了的快乐带给母亲。如果不是姐姐生了孩子，那不生孩子的我不可能像现在这么轻松。本人或是配偶有外甥或侄子的受访者中大部分人表示有过这种"庆幸"。因为家里有个侄子或外甥，许多丁克夫妻一方面得以看清育儿的真相，另一方面也少了很多来自父母的催生压力。

"不管怎么说这是我的人生，不生育也是我自己的选择，可为什么兄弟姐妹生了孩子以后，我却放心了不少呢？"

关于这个问题，有人从不同角度给出了答案。

素妍

我是从家族内部的"文化传承"方面来考虑这个问题的。我的父母在我成长的过程中带给了我许多好的经历，而我选择了将这些好的东西带到家族外部，带给社会，但还有一些东西依然保存在我的家族内部，我认为如果这些东西无法继续传承会是件非常可惜的事情。所以要是我妹妹没有生孩子，我可能会选择生一个，那么我的父母会将育儿支持提供给我，情况会和现在有所不同。但是妹妹生完孩子以后，父母和妹妹都跟我说："以你的性格，生完孩子以后你的幸福感会下降很多。"（笑）事实上，我很感谢妹妹生了孩子。

其实我也很感谢姐姐生了孩子。这里面不仅有父母的原因，也因为我得以从自己的小世界走出去，进入另一个未知的世界。在作家野犬牙的漫画作品《足下》中，主人公恩南是一个奉行不婚主义的女性，恩南的弟弟夫妻俩因为一个计划外的孩子而匆忙成婚。一方面，刚出生的小侄子一住进父母家，恩南就变成了"侄子奴"；另一方面恩南发现，对于那个"战况激烈"的育儿世界来说，自己只不过是一个"隔岸观火"的人。当恩南听到小侄子说出那句"姑姑也想生个孩子吧"，她虽然表面上维持着笑容，却暗自下定决心"绝不生小孩"。故事里，恩南间接地经历着另一个人平凡无奇却又困难重重的人生，下面这段文字正是她的心声。

如今我再在路上看到有父母领着孩子出门，我的眼神明显比以前温暖柔和了。因为我知道在白嫩嫩、胖乎乎的小脸蛋与那些被焦虑、疲倦和烦躁填满的面庞的背后，藏着一张由各种大大小小的事件交织而成的大网[21]。

恩南心中涌起的人与人之间的爱，很快就被地铁里不停地用脚踢自己的邻座小男孩和冷眼旁观的监护人给击碎了，但我还是想起了自己的外甥，并决定做一个更宽容的大人。也就是说下次姐姐和外甥需要我的时候，我不能再抱怨了，可我还是觉得：“如果是游泳馆，那就恕不奉陪了……”

不养孩子却养猫的媳妇

○ ●

“如果能住在有院子的房子里……”

我和丈夫偶尔会想象老了以后的生活，想到最后总会得出同一个结论：养条狗吧。

如今我们住在连一个花盆都放不下的拥挤的老公寓房，成天担心房东卖掉房子突然通知我们搬家，而养宠物的生活更是遥不可及。

“我下载了Pawinhand（提供领养流浪宠物和寻找失踪宠物服务的平台），但我一直在苦恼要不要领养一条狗。”

家住首尔市中心的利善也非常想养宠物，但因为现有条件不允许，所以她还在犹豫。

“比如每天要带它散步，一想到这些就觉得要不‘算了’吧……”

其实这也正是我所担心的。暂且不论将来是否能住进有院子的房子，我真的能够对另一个生命负责吗？而利善接下来的这句话非常有意思。

“其实我迟迟拿不定主意，也是担心如果我养了宠物、对它疼爱有加，别人会觉得‘我是因为孤独才养宠物’，怕他们会因此而可怜我。”

我想起了几年前看的一部电视剧里，一对没有孩子的夫妻养了一条狗，还对它像疼爱自己的孩子一样关怀有加。对于丁克夫妻来说，和宠物一起生活到底意味着什么呢？

“你知道在韩国坚持做一个养猫的媳妇有多难吗？”

上面的这句话并非出自丁克夫妻的故事，而是电影《B级媳妇》中的经典台词。这部纪录片的导演鲜虎斌的妻子金珍英女士曾回忆，她恋爱的时候与鲜母见过一次面，鲜母在得知她养猫后不久打电话到她的公司，并通知她：“你要是养猫，你俩这婚就别结了。”

“我多次明确地表明了自己的态度：当初养猫的时候就没想过扔掉。可她仍然坚持要将猫送走，直到后来我说‘那我找找看能送去哪里’，她才挂断电话。我当时真的感到非常不可思议。”

英智

之前婆家的一个亲戚问我：“等有了孩子，这猫你会扔掉的吧？”我很困惑，成为父母之后不是会更加爱护生命吗，这话也太荒唐了。所以我就问他：“为什么要扔？猫能活二十年。”他接着说既养猫又养孩子是件很不像话的事。那位亲戚也比我大不了多少。

从英智那里听到类似的故事，我也感到十分震惊。但“养猫的媳妇”所受到的干涉并非只来自婆家，当然也不只有养猫的媳妇才会遭遇到这种事。

英智

我在补习班工作的时候，上司让我不要过这种生活。他说养只猫又不生娃，这么生活可不行。那时候时不时地就有人过来跟我聊些和猫有关的事情。我当初并不是为了不生孩子才养的猫，即便是养了猫也可以生孩子啊。明明是两回事，大家对没有孩子还养宠物的人有一种刻板印象，他们觉得这类人对动物很狂热，对人却很冷漠。

玟荷

公公婆婆不喜欢宠物，但是我丈夫很想养宠物，于是他就偷偷把宠物领回了家，不过前不久被发现了。后来我们在一个周岁宴上遇到了丈夫的表弟夫妻俩，听说他们也在偷偷养宠物就问为什么要这么做，结果我婆婆说：“养狗怀不上孩子。”他们结婚三年，至今没有孩子。

对于那些认为结婚的终极目的是生孩子的人来说，丁克夫妻的宠物不是珍贵的生命和家人，而是妨碍生育的根源。正如利善担忧的那样，人们通常认为一个爱动物不爱孩子的女人有“缺陷”，或是像英智所说的那样这种行为被解读为一种“狂热”。可他们不知道的是，宠物也能从各个层面对丁克夫妻的人生产生影响，这和孩子带给父母的意义没什么区别。

英智

自从结婚搬进新家，我一直是自己在家，丈夫每天早出晚归。所以我经常会边哭边想：我是为了这个才结婚的吗？所有人都让我生孩子，让我给丈夫做饭，那我到底是什么？那时候我们住十楼，我总是想：要是我现在从这里跳下去，或许我的人生就能重启了。后来养了猫，我有了一个缓冲区。如今猫已经成了我的一部分，甚至有时候我觉得我们是一体的，我也不知道自己是不是已经爱它爱到痴狂。但我觉得猫会带给我一种信念感，就是每当我想要放弃一切并逃离的时候，它会让我觉得“我不能走，我要赚钱，我要养它”。也就是说我有了想要去照顾的生命，我有了好好活着的理由。我觉得这和父母对孩子的感情是一样的。

度允

几年前，我的一只猫突然生病死了。那是我第一次患上丧宠症候群（主人在宠物死亡后感到失落和抑郁），我无法承受那种失去它的痛苦，夜里会突然惊醒，又怕哭声会吵醒丈夫，就自己躲到房间的角落撕心裂肺地痛哭。其实我丈夫也很难受，那段时间他压力大到连饭都吃不下，但是他怕我会担心就强迫自己吃点东西。那时候我看到丈夫为了我强忍悲伤的样子，会得到一些安慰。就是那种虽然很伤心，但内心很确信自己能够和眼前的这个人一直走下去的感觉。老人们常说：“人都是在养孩子的过程中成长的，这能让我们学到很多。”虽说猫不是孩子，但我在养猫的过程中也学到了很多。我家老五从小在野外生活了很久，社交能力不是很好，它经常把自己关起来，很难和人亲近。有一天我去它房间送饭，见它自己贴着柱子蹭来蹭去，看起来非常紧张。其实它看我来了，已经变得好一些了，它并不是讨厌我，只是胆子比较小。所以我就明白了原来胆小的生命为了藏起自己的内心，会表现出一副很难靠近的样子。

采访前，对于她们的生活我一无所知，只能去想象，但采访的过程中我发现，她们和宠物的故事比我想象中的“快乐生活”更加丰富多彩，宠物已经成了她们人生中必不可少的伙伴，她们和宠物一同舔舐伤口，建立信任，而她们在照顾幼小生命的过程中也学会了理解他人。汉娜的故事能够让我们思考一个人的经历会如何影响他对这个世界的看法。采访的时候，两只看起来关系很好又很单纯的小猫不停地迈着“好奇的”小碎步在我们周围打转。

汉娜

有一次，这两只猫一起走丢了。当时我和丈夫去济州岛参加婚礼，就把它们寄养在别处，没想到它们趁着开门的工夫逃走了。我得知消息后连忙赶回首尔，其中一只猫在一天后找回来了，可是另一只猫还音信全无，这只猫还要吃药，而且它如果不喝水就会生病。当时我贴了几千张寻猫启事，一天里有十二小时都在找它，我喊着它的名字，让它赶紧回来吃饭。后来终于在第十二天，在一个很远的地方找到了它，大概是“世越号沉船事件”之后。有一回，我贴寻猫启事撕胶带的时候，刀子不小心划破了大腿，但当时完全没有感觉到痛。直到有人大喊：“你流血了！”我才看向大腿，发现流了好多血。当时我就想：原来这就是沉船事故中父母失去孩子的心情啊……我丢只猫都能如此疯狂，更何况他们失去的是孩子，但他们又不能跳进海水里去找孩子，他们一定非常难过。

“世越号沉船事件”之后，我看到很多人指责遇难者遗属，我感到十分心痛，我不明白为什么说出这种话的人也能做别人的父母，直到听完汉娜的话我才发现，要理解他人的痛苦，并不一定要和这个人有“相同”的经历。重要的不是被理解的对象是人类还是动物，是我的孩子还是别人的孩子，而是我们有没有理解爱的能力。不管是我的孩子，还是别人家的孩子，甚至是另一个物种，我都会去爱他们，珍惜他们，这是汉娜教我的事。

无论有孩没孩，但愿友谊常在

○　　　●

即将奔入四十岁的那几年，我想明白了一件事：一个女人的朋友圈会发生两次变化，一次是结婚，一次是生育。因为在这两个时间点，生活状态、居住地区、关注话题、与朋友的亲密程度、时间和金钱的自由度，甚至是人身自由程度和责任都发生了很大改变。

就好比生孩子之前是“朋友A”和“朋友B”，生完孩子就变成了“只有周六午饭时间才能见到的朋友A”和“只有登门拜访才能见到的朋友B”，这种关系的变化十分常见。而成为母亲的朋友（们）和不是母亲的朋友（们）之间也会产生微妙的矛盾。一个女性可能会因为照顾孩子或是怀孕而无法参加“红白事”，会带着孩子参加聚会和旅行，会因为没能找到合适的时机让配偶“帮忙照顾”孩子而无法参加朋友聚会……在种种情况下，她和相对自由的那一方要想继续维持友谊，那相对自由的那一方就不得不做出更多妥协；但如果类似的情况反复发生，很容易让未婚或未育的那个人难过。一群朋友里面，一个人属于多数还是少数，他所感受到的气氛是完全不同的。不愉快的事情多了，她们的友谊就会出现裂痕。再者，对于不想生孩子的已婚女性来说，她们很难与未婚的、有孩子的或是有生育计划的朋友完全共情。

“我觉得和没结婚的朋友相处更愉快，但是他们很大概率不会这么想。”

对于这句出自同龄人利善的话，我觉得难过却又感同身受。

利善

我的大学同学除了我都有孩子。他们刚生完孩子的时候，我不知道见了面该说些什么，所以有点紧张，但这种事经历多了就习惯了，也慢慢能够接受有了孩子以后很多话题很难深聊这件事。不久前我跟五个同学聚会，其中一个同学还有两周就要生了，另一个同学第一次带着孩子来参加聚会。从头到尾大家都在聊孩子的事，我根本插不上话。有了孩子以后话题就会一直围绕孩子展开，我能理解大家想交流一下育儿的心得体会，但这个话题太无趣了，我甚至觉得有些难过。后来她们说：“利善没有孩子，咱们聊点别的。”那一刻我完全没有被照顾的感觉，甚至如果我真的聊别的话题，就会成为不识大体的人。那次聚会我们特意去了很远的地方待了很久，回家的时候整个人都累瘫了。

可能有人会说何必在意这点小事，这话就是他们不懂了。这种聚会不仅无法带给我任何安慰和喜悦的情绪，甚至从我明白自己只是为了维持朋友关系才参加聚会的那一刻起，我的心情就开始变得有些复杂。如果参加一个朋友聚会的人中只有我没有孩子，那我几乎不会说话，因为光是倾听就够忙了。

一个没有孩子的成年人，大部分时候过着平静的生活。要处理的事情通常都与工作有关，可若是把这些事情一五一十地讲给不在同一个行业的朋友听又不太合适；作为自由职业者没有能和朋友一起吐槽的上司，身边按时上下班和过着集体生活的朋友们每天的压力都很大，去跟他们聊自己的事情又怕被说“拉仇恨”，只得作罢。对于有孩子的朋友们来说，生活里总是会产生新鲜又普遍的话题。孩子上一年级，开始学游泳，在比赛里拿奖，跟朋友闹别扭了让人操心……孩子的人际关系通常也是母亲的人际关系，所以经常能从孩子妈妈那里听到很多关于班主任或是同学妈妈的事情。每当朋友们聊起孩子的事，我都听得津津有味，因为我的生活里没有这些事情。但我始终游离于这些话题之外，无法参与其中，这让我的心情变得有些微妙。表面看上去我是个笑得前仰后合的听众，实际上我始终是个没资格参与话题的旁观者。

智贤

算上我的高中同学和第一家公司的同事，除了我都各有两个孩子，每次聚会他们一定会带孩子来参加，也不提前打招呼。因为我们太熟了，他们就理所当然地觉得可以带孩子来。这种聚会我自然是插不上话的，但因为我平日里经常去好吃的餐厅，所以大家总是让我来找聚会的地方，那我自然要预订有儿童座椅的餐厅。这件事说起来会显得我很小气，现在的孩子都吃得很多，但是结账的时候他们却只结大人的部分！

这可能会显得智贤有些小气，但实际上并非如此！智贤为此也倍感压力，我建议智贤跟有孩子的朋友们真诚地聊一下，让大家知道带孩子来参加聚会前要先打招呼，请大家谅解。总之，智贤按照我的建议做了（换作是我，我也不确定自己能不能做到这一步）。

智贤

“你们如果带孩子来，我会觉得很累、很不自在。这次聚会你们要是找不到人带孩子，要不我就不去了？或者干脆推迟聚会日程。”

其实这话说出来不合适，虽然我觉得男人周末就该带孩子，但实际情况是她们作为母亲是没法独自出门的。她们也很难过。就好比她们要是跟我说“是你遇到了好丈夫”，我总不能说：“孩子又不是你一个人的，两个人都有份，你把孩子交给丈夫再出门呗。”结果通常会是她们将聚会推迟到了某一天，但等到那一天，她们还是会不打招呼地把没找到人照顾的孩子带到聚会来。

这段话道出了重点。在女性结婚和生育的两个时间点，她和朋友之间的友情会出现裂缝，其根本原因是在相应过程中女性在逐渐失去自由。并不是说丈夫把妻子关在家里（当然，这种情况也并不是完全没有）。婚后女方离开现居地，跟随男方迁居至他的亲属或职场的所在地，相比男方跟随女方迁居，这种情况更为常见。这就产生了地理上的距离，而一个有孩子的女性最缺的就是时间。

《华盛顿邮报》的记者布里吉德·舒尔特曾以现代人的时间强迫症为主题写了一本名为《不堪重负》的图书，书中就性别不平等对女性生活的影响做了详细说明：

> 女性生育之后所面临的最致命问题就是：她们所期待的生活与现实之间存在落差。我们从时间的角度进行研究后发现，妈妈们尤其是有工作的妈妈们，是这地球上最缺时间的群体。让妈妈们感到疲倦的原因并不是简单的“角色过载”，而是需要从社会学的层面来解读，即劳动密度（task density）过高。也就是说，妈妈们同时拥有多重角色，而每个角色需要处理的事情过多，责任过重。[22]

作者还在后文中写了不上班的全职主妇同样面临着时间紧张的问题。这种仿佛“大脑全天不间断运转”般同时想着许多待办事项的现象，被学者们称为“污染时间（contaminated time）”[23]。许多女性就算不在孩子身边，心里也会一直惦记着家务劳动和育儿问题（妻子好不容易出趟门，丈夫每隔三十分钟就要打一通电话问各种问题，孩子衣服在哪儿，热什么东西给孩子吃，我诅咒这些男人）。就连匆忙结束聚会后的回家路上，都要进行诸如买晚饭食材或婴幼儿用品的劳动。

在京

我很难和有两个孩子以上的朋友维持友谊。因为她们根本一点时间都没有，孩子上小学之前经常见不到面。我几乎不会和一群已婚已育的朋友聚会，首先大家的时间很难约到一起，所以我都是分别见，这样才能专心聊天。如果和有孩子的朋友见面，我的时间相对更宽裕，在距离上做出一些让步是理所当然的事情。如果朋友聊孩子的话题，我会在一边静静听着，时不时地说一句“原来如此”。其次，友谊这种东西，比起有没有孩子，由其他原因如地理距离导致感情变淡的情况也不少。

通信和社交软件的发展让我们能够更便利地和朋友分享日常、互聊近况，这在某个方面缩短了朋友间的地理距离，然而内心的距离又是另一个问题。

玟荷

我有一个三人群，我们都结婚了，但我和其中一个朋友不喜欢小孩。上个月另一个朋友做了妈妈，那之后就每天都往群里传照片。哎……可爱是可爱，但那是刚发的时候。如今她每天都发，我就在想：我该回什么呢？后来我就不怎么回复了，朋友却因为这事生气了。【采访者：那你和另一个朋友不难过吗？】这事差不多也就翻篇了，群里的气氛很快就能恢复，或者直接转移话题。

采访的过程中，一位受访者在群聊中收到了数十张孩子的照片和一些视频，她不禁露出了苦笑。群聊里只有她没有孩子。我想起一个未婚朋友告诉我的秘诀，如果看到朋友孩子的照片或视频不知道该说什么，那么做出这个反应一般不会出错：用爽朗又洪亮的声音描述眼前所看到的画面，最后以感叹词收尾。比如，“哇，穿了红衣服呢！”或者是“哎呀，都会走了！”又或者是“天哪，他在笑呢！”另一个朋友也曾告诉我一个万能公式：“跟你长得一模一样！”（注意，这个公式只能用一次，无法重复使用）可是英智的话让我明白了一个道理：无论你说些什么，最后总有碰壁的时候。

英智

虽然我不了解新生儿，但我毕竟以前是高考补习班老师，现在也还在教初高中生。所以很多朋友到了孩子要上学的时候，都会向我咨询各种问题。我本来就喜欢聊这些，而且了解妈妈们在想些什么对我也有帮助，所以和她们很聊得来。但后期如果我们之间产生意见分歧，她们就会用一句

“你没生过孩子你不懂”来规训我。

那我们该怎么办呢？就此利善表示：“等孩子大一些再约，否则这段友情很快就会结束。”没错，孩子读完小学低年级后情况会好很多，所以可能我们只是需要一些时间。我想在利善的观点之上加上不必“经常”和“所有人”见面这个想法（有些朋友间会以提前交会费的形式凑钱一起旅行或聚餐，但因为每个人的情况不同，这么做容易产生分歧或是加剧矛盾，所以还是结账的时候再收钱吧）。而在京是这么总结的：

“我认为想办法与有孩子的朋友沟通和相处能够体现一个人‘作为成年人的教养’，如果不愿意这么做，那说明他们不是朋友。”

这话非常有道理，直击我内心的某个角落。

但我有时也会这么想：所谓成年人的生活，不就是要平静地接受自己如今“不得不与挚友渐行渐远”的事实吗？或许本就是无法长久的友谊，如果非要强求，可能比起愉悦，更多的会是压力，而这种压力会积聚不满情绪，甚至超越不满，在各自的心中留下伤疤。关键是这段友谊是否有一种保有最低限度的互相尊重。智贤有一群不够为他人着想的朋友，有一次她下了很大决心将自己的想法告诉了朋友们。“后来高中同学们又建了一个群，唯独没把我加进去。”她一脸不以为然地补了一句。

智贤

但是我并不会因此而觉得人与人之间的关系是越走越窄的，当然这是我个人的想法。也有可能和以前不怎么熟的朋友产生共同语言，然后见面聊聊天、一起出去玩，慢慢地融入一个新的圈子。

我和朋友的关系也出现过裂痕，而在我听受访者讲述这些故事的时候，我一直很好奇男性尤其是“成为父亲的”男性是否也会有类似的苦恼，或者是为此伤心、抱怨，甚至和朋友疏远。我接触的大部分男性都表示不曾有过这样的经历。他们不会因为没人照顾孩子而烦恼是否要参加红白事，他们可以毫不犹豫地去参加婚礼和葬礼。他们几乎不会和朋友聊起孩子的事，但跟没孩子的朋友炫耀时除外，他们会说：“小孩太可爱了！你们也赶紧生一个吧！”当然，他们不会把那个可爱的孩子带到和朋友的聚会上来（虽说这不是什么很重要的事情，但听说男性几乎不会在群聊中上传孩子的照片）。最重要的是，他们不会在周末或是某个晚上看看配偶会不会帮忙“带孩子”，并为此焦虑。因为孩子本就是妈妈在带。有人说比起“男人们的义气”，“女人们的友情”更加浅薄虚无，我很想问问说这话的人：女性之所以难以维持一段友情，真的只是因为她们“小心眼”吗？请你们摸着良心想一想。

不要什么都指向原生家庭

○ ●

一位二十多岁的不婚族女性向我讲述了自己的经历。

“有一次我跟我妈说不结婚了，她问我是不是因为她。我小时候爸妈经常起争执，所以我妈问我是不是因为这个才决定不结婚，她觉得很对不起我。但不结婚的这个决定跟我父母没有关系。”

事实上当我决定不生孩子的时候，也有过类似的苦恼：爸妈如果觉得我是因为他们才选择不生养孩子该怎么办？尽管我觉得这和他们没有关系，但是从另一个角度来看，人生中的许多选择很难说完全不受自己的成长环境影响。

柳林

我跟家里说我不结婚了，母亲问我：“是不是因为你看到爸妈的日子……”我说我不生孩子的时候他们也是这么问我的，当时我心里很难受。但我觉得并不是跟他们完全没关系。我刚成年的时候想过这个问题，在我看来母亲是个很优秀的人，但是这个婚姻对她有帮助吗？尽管她不认为婚后专心在家辅助丈夫、养育儿女是一件不幸的事情，但由于家中的财政大权始终是父亲把持着，这导致母亲凡事依赖父亲，想做点儿什么都束手束脚。我并不是因为我妈才决定不婚不育的，但她对我也不是毫无影响。

英智

我父母尤其是我母亲总是为了我们牺牲自己，其实作为女性我并不希望看到这些。小时候母亲曾跟我们说："以后你们长大了不能靠男人活着，要自己经济独立。"但后来我告诉她不生孩子了，她又说后悔说了那话，（笑）还说早知道当初就说"嫁个好男人，好好过日子"。

我之所以切身地体会到父权制下的婚姻是不平等的，也是因为看到了父母的婚姻。母亲曾是一名老师，父亲是九兄弟中的老大，他们结婚后生下我们姐妹俩，婚后母亲辞掉了学校的工作，跟随父亲迁居。母亲的婚姻生活中有十年都和公公婆婆住在一起，二老去世之前母亲先是照顾他们的日常起居，后来二老生病又伺候在病榻前。父母对我们的教育很上心，无论是金钱、时间还是人力，他们都尽全力地给予我们支持。就像英智母亲说的那样，我的家庭在养女儿的过程中也认为"女孩子也要好好学习，将来找份好工作"（当然他们眼看两个女儿三十五六岁了还没结婚，也非常着急）。虽说性格上（以自我为中心）几乎和我一样的父亲意外地是个肯付出、有责任心的抚养者，这点我十分感激他，但母亲作为长媳、妻子，一辈子都在做着看不见的劳动，因此我对她有种更加复杂的情感。

几位受访者从一个与母亲的牺牲不同的角度，即父亲的家庭暴力的角度向我讲述了这件事是如何影响她们做出不生育选择的。

玟荷

我小的时候父亲非常暴力，他一喝完酒就打我和妈妈。以前母亲只是忍耐，但自从她开始大声喊叫、以暴制暴，而我也长大成人之后，父亲家暴的次数就比以前少了很多。说实话他现在可能就是只没了牙齿的老虎？（笑）但我觉得这段成长经历对我“不想生孩子”的想法是有一点影响的。而且我也会有点担心自己喝了酒会施暴。【采访者：怕自己继承了父亲的性格？】这也是原因之一。

汉娜

我从小家境困难，我妈为了赚钱吃了不少苦，而我爸就像影视剧里演的那样，一喝酒就失去人性。从小爸妈每次打架都是打到头破血流、玻璃碎一地的程度。我大概那时就已经下定决心，将来如果我没有做好养孩子的准备，那么为了孩子的幸福着想还是不生为好。

不少受访者表示，父母的婚姻生活和父母所展现的样子在她们描绘自己将来的理想家庭时，成了反面教材。宝拉说：“我父亲一直觉得只要赚钱给我们花就行，搞得我和家人都非常累，所以我对另一半最重要的要求就是顾家和跟我站在同一条战线。”允熙说自己的父母“不怎么吵架，但彼此之间很生分，也不会互相体谅”，从小在这种家庭环境下长大的允熙认为：“如果夫妻俩能将彼此之间的爱意传递给孩子，可能会更好。”

但是一个人做出不生养孩子的选择，与其说“都怪父母”，更准确地说应该是诱因很多，而每种原因对不同人来说又占据不同的比重。英智在向我讲述母亲的人生的同时也表示，对她来说原生家庭并不是决定性因素，因此她通常会尽量避免对此做过度解读。

英智

我父母对我的影响在我决定不生孩子这件事的占比中连百分之十都不到，即便如此，大家听完我父母的故事后对我不生孩子的解读还是完全不顾剩下那百分之九十，只一味地跟我说：“原来是因为你的童年太过不幸……太可怜了。”

我是这么想的：虽说父母的生活和我想象的婚后生活不同，但我全然不认为自己作为他们的孩子长大是件不幸的事情。

最重要的是，我能够看到父母始终如一的关爱与信任对女儿的选择带来的影响。哪怕我决定不生孩子，我也觉得能够得到儿女极大信任的父母是非常出色和伟大的。

圣珠

我母亲是老师，工作非常忙碌，父亲是警察，经常会在凌晨去上班或是干脆不回家，但家务活一直是他们两个人分担，而且他们会挤出时间带我们到处玩。我们家有三个孩子，所以家里的日子紧巴巴的，即便如此他们还是会尽其所能地满足我们的要求，而且还告诉我们："只要你们努力，没有什么是办不到的。"这些在情感上给予了我们极大的支持。他们现在还是很幸福，也从不在包括生育问题在内的事情上对我多加干涉。多亏了我的父母，我才能够成为一个非常独立自主的人。

素妍

我确信无论我做出怎样的选择，即不管我生还是不生，我父母给我的爱是不会变的。当然，如果我选择生他们会很高兴，那是对新生命的喜悦；即便我不生孩子，他们也不会少爱我一分或是对我感到失望。

有一次，我跟一个不打算生孩子的朋友聊天。"从头开始生养孩子太累了，如果能从天而降一个五岁的孩子就好了。""一个正在上学的十二岁左右的孩子会不会更好？""养青春期的孩子也太累了吧？""再过个几年就到了地狱般的高考时期，那时候会不会更累？”我和朋友没心没肺地聊着，最后我们的对话结束在“等我老了，如果能突然冒出来个三十多岁正在上班的孩子照顾我就好了”。当然，一想到我三十岁的样子，就感觉对这个“孩子”不能抱有任何期待……事实上，虽然我不知道父母是怎么想的，但我毫无理由地相信他们很高兴有我这样的女儿。我现在没有孩子但很幸福，可能当我到了父母现在的年纪会为没有我这样的女儿感到遗憾。

不是每个女儿都想当妈妈

○　　　　　●

我看过一篇朴惠媛作家的专访[24]，朴女士是连载于某社交平台的生活漫画《W的琐碎想法》的作者。朴女士和自己同岁的丈夫结婚十年，她通过一些“韩国丁克夫妻”的日常小故事来讲述自己（和许多人）受到的无礼、同情和差别对待。那篇采访报道中，朴女士是这样说的：

“‘孩子’的问题是目前我们还在纠结的事情。刚开始我们觉得‘二人世界很舒服’，慢慢地，我们越来越觉得生孩子、养孩子以及对一个生命负责不是一件小事，这让我们压力很大……无论我们做出什么决定，其出发点都将只会是我们两个人的幸福，我们想要共渡难关，一直在一起。”

这段无可挑剔的访谈下面一共有三百多条留言。虽然很多网友留言表示尊重且支持两个人的想法，但也有一些网友在留言里说教，后面还跟着以此展开的争论……留言板里的战局十分混乱。我很想知道到底丁克夫妻的哪一点开启了这些人的攻击模式，我将比较典型的留言做了一下分类整理。

|攻击型|

• 主动选择丁克的人只是极少数，丁克是掩盖不孕事实的工具。（同一位网友不停地在发同一句话。）

• 就是不孕……我有两个女儿和一个儿子……很羡慕我吧？

• 看看我身边的丁克，没有哪个是在家庭和睦的环境下长大的。

|诅咒型|

• 再怎么喜欢吃炸酱面，也得换换口味尝尝海鲜面的味道吧。作为两个孩子的父亲，我觉得这种人就像是一辈子都因为放不下炸酱面而错过了海鲜面的美味。（关于这点也要听听两个孩子母亲的想法。）

• 现在当然舒服了，以后老了就会后悔没生的。

|爱国型|

• 如果地球上的所有人都像你们一样打定主意不生孩子，人类就要灭绝了。（有人回复了这条留言：地球村总统大人驾到。）

• 你们丁克族享受国家的新婚夫妻优惠政策算不算欺诈？丁克族和假结婚有什么区别？希望国家能判定丁克族的婚姻无效。

• 为了提高生育率，希望国家不再批准这样的婚姻。

|伪善型|

• 我尊重你们，但是这种文章出现在门户网站的主页并企图营

造一种丁克族很酷的感觉，还真是让人很不爽。（搞不懂这位尊重的是什么，还真是让人不爽呢。）

• 我又有什么权力对丁克族指指点点的呢？但我觉得丁克属于不该鼓励的东西，没必要说出来。

一方面我觉得这些网友的留言很好笑，另一方面又觉得心里受到了一点微小的伤害。我并不觉得他们的话是对的或是有意义的，但我知道了原来真的有人对他人选择的生活方式抱有如此强烈的恶意。他们标榜自己是“正常”且“平凡”的，却如此激进地去伤害别人，而且他们还是别人的父亲或母亲，对此我感到很难过［当然，我并不觉得他们都是生育或抚养过孩子的人。只要看到女性显露出可能不会生育的意愿，这些好像地球末日般来临般愤怒的“Incel”（involuntary celibate的缩写，即“非自愿独身者”，也常用来指代厌女者）就“沉渣泛起”］。虽说很多人觉得因为是网络世界他们才会表现出更极端的一面，但是几位受访者向我讲述的亲身经历中也充斥着他人的无礼和指责。

珠妍

有一次，我说：“我不打算生孩子。”一位上司接话：“你这是打算离婚吗？”还说，“没孩子婚姻长久不了，得有了孩子才能在忍耐中维持长久的婚姻。”

宝拉

有一对夫妇于我如同恩师一般，每次去他们家拜访，师母都会上下打量着我问道："怀孕了吗？"结婚以后，每次见到一位认识的教授，他都会问我："还没消息吗？"还问我丈夫："你还没让她怀孕吗？"后来我跟他说："请您不要再这样说了。"没有孩子的人不会这样问，但是有孩子的人很轻易就会说出这种话。我丈夫的高中同学问他："你们打算这样到什么时候？"丈夫答道："我觉得现在的生活很好。"结果对方又问道："弟妹有什么罪呢？"

汉娜

每次我去活动现场化妆都有很多人问我"几岁了""结婚了吗"，我要是回答结婚了，几乎所有人都会问我有没有孩子。我要是回答"没孩子，我跟猫一起生活"，那会有人很直白地问我："啊，那东西掉毛，养它干吗？为什么还不生孩子？"

英智

有一次，我回老家走亲戚，做完自我介绍后，人家问我有没有孩子，我说："我婚后一直养猫，目前不考虑养孩子。"说完就有一位上了年纪的人勃然大怒，还说了一句让人没面子的话："你讲这话太不分场合了。你说这种话，就不想想在场的女人可能有想生孩子却生不了的。"但这和我有什么关系！（笑）而且当时也没有那样的人在场。我觉得很委屈，感觉对方把我那句“不考虑养孩子”理解成了“有什么好炫耀的？那我们这些生孩子的是傻子不成？”那你当初别问啊。

英智的这段话让我想到了一件事：在韩国，对于那种“有什么了不起的”情绪我们都不陌生。举一个很典型的例子，有些非素食主义者对素食主义者带有非常强烈的愤怒情绪，就连同为非素食主义者的我都觉得莫名其妙。即便有的人并没有影响到他人的生活，但只因为过着少有人选择的生活，他们就很容易成为别人攻击的对象，而他们的选择也会不断地受到来自他人的质疑和干涉，连选择的价值也会被贬低。很多人习惯给女方打上“强势”的标签，借此将男方打造为受害者以贬低丁克夫妻。

智贤

在公司，如果有人说些性别歧视的话，我就会拍案而起，跟对方说：“我好像听到有人在说胡话。”或者是：“现在这年代谁还会说这种话，常务大人！”我和丈夫是同一个公司的，同事们问我什么时候生孩子，我说：“我从没想过生孩子。”结果大家都以为我们不生孩子是因为我太强势，我丈夫人好才让着我。

度允

> 我说话很直，朋友们总跟我说："每个男人都想要孩子，你丈夫单纯，是你太强势、太不成熟了，你丈夫才会放弃自己的想法迁就你。这世上没有男人是不想要孩子的。"所以我就问丈夫："你觉得我是这样的人吗？"（笑）还有的人问我们为什么不生孩子，我说："我们俩已经商量过了。"但他们一定会接着问我："你丈夫也不想要孩子吗？"这时候我只能用"丈夫比我更不想要孩子"来结束对话。这是个直截了当的方法，就是我会有点委屈。

人们给不生孩子的女人打上"不成熟"的标签，评价与妻子达成不生育共识的男人"心地善良"，这是因为人们一直以来都带有一种观念：愿意跟不给男人生孩子的女人过日子的男人是宽容的。但是在每个男人都想要孩子的背后隐藏着一个真相：与其说男人渴望孩子，更准确地说应该是他们能够在不伤害身体的前提下，轻松地得到一个继承自己姓氏的孩子，所以他们才能轻松地成为更想要孩子的一方。还有的人坚信有孩子的家庭才是完整的，只有这样的家庭才有维持的价值，而且他们不相信有的夫妻真的不想生孩子，以及这样的家庭能够一直在幸福中维持下去。很多丁克女性在受到父母、兄弟姐妹、朋友，甚至连公婆都不是的陌生人的干涉，于是她们慢慢开始选择隐藏自己的立场。几位受访者表示"有时候干脆假装自己不孕，那么对方就会表示同情，不再多问"（我想给那些坚信"主动选择做丁克的人只是极少数，丁克是掩盖不孕事实的工具”的人透露一个消息：其实你们都被机智的丁克族骗了）。受访者珠妍选择了不撒谎、不正面冲突、尽量减少内耗的策略。

珠妍

我想说的不是那些说“没孩子婚姻长久不了”的人，而是我在公司里认识多年的一位上司，他从不会直接说生不生孩子这种话，而是会说：“孩子如果长得像你，一定会非常好看……”通常如果公司里不熟的同事问起孩子的事情，我都会把那当成是在找话题。我结婚已经很多年了，我发现如果有人问我为什么没生孩子，比较得体的回答是错过了时机。（笑）【采访者：不会明说不想生孩子对吗？】是的，虽说我将来也不打算生孩子，但表面上我不会说自己绝对不生孩子。虽然私下里也会跟关系好的朋友说：“正因如此我才不生孩子，现在的生活很好。”但是如果连不怎么熟的人都要仔细地讲明，那就没完没了了，因为我说出的话会被放大和二次加工。

我想告诉那些经常插手丁克夫妻的私生活、喜欢给他们支招的人，要学会适可而止。假如对方跟你没有熟到讲心里话，那么你给出的建议将是毫无价值的，而对方其实也有很多话想跟你说，只是忍着没说而已。如果你还是想说，那么我建议你去读一下某视频网站的博主“米兰诺娜”，即知名时尚顾问张明淑女士的访谈（张明淑女士是两个孩子的母亲，她的话你总能听进去吧）：

> 婚后被要求生孩子，生完一个让我再生一个，生了两个儿子又让我生一个女儿……那时候我真的想上去大吵一架。当时我说："好，如果我生了女儿，你来养吗？"我生完二胎以后是这么说的："劝我生二胎的那些人听好了，你们要轮流每天来一会儿，照顾我们家的孩子。"他们又不会来帮我带孩子，为什么总是要对别人的人生指手画脚！[25]

不生孩子，结什么婚？

○　　　　　●

“你不生孩子结什么婚呢？”

虽说这不是什么意料之外的问题，但似乎不是只有韩国人会这么问丁克夫妻。劳拉·斯科特是一位生在加拿大长在美国的作家，她在著作《两个人就够了》的“写在前面”中，一开篇就摆出了朋友丈夫在刚成为父亲时所提出的问题。作者说当时这个提问让她感到有些不知所措，于是慌乱中她草草地回答了这个问题：

“这个嘛……难道是因为……爱？”[26]

允熙

我觉得结婚最重要的原因就是想和我所爱的人一起生活。从根本上来讲这是最重要的原因，除此之外的其他任何原因如果能成为结婚的原因都非常奇怪。

允熙的想法和劳拉·斯科特差不多，我的观点也是如此。

度允

“结了婚很多事情比较方便，就结了呗”，刚开始我对这话并没有什么疑问。之所以选择结婚是因为我们想要在现有的国家制度之下，以一种对双方都有保障的关系一起拼一个未来，另外也想要摆脱各自的原生家庭。虽然我从大学开始就离开家独立生活，但我的父母对子女的掌控欲很强，这搞得我非常累。比如，一些琐碎的小事，他们会要求我“不许做这不许做那”，或者是“太晚了不能在外面”，而结婚是最容易让他们接受子女不再是自己“私有财产”的方法。所以我婚后比以前自由了许多。

正如度允所说，我婚后也得以顺其自然地摆脱父母的掌控，独立生活。如果我当初从家里搬出来不是因为结婚，我和父母之间可能会出现十分剧烈又复杂的矛盾。我之所以没有选择以同居这种方式离家，一来是因为我从小住到大的家、大学以及公司一直都在同一个地区；二来是因为如果和将来未必会结婚的男人同居，我觉得这件事会潜移默化地给我带来极大的压力。婚后我发现婚姻制度的运转方式并非像我想的那么单纯，一方面婚姻让我感到很安稳，另一方面这种安稳也让我觉得有些自责。因为这是异性恋才能享受到的诸多特权之一，只有异性恋才能够在想要和所爱之人一起生活的时候“理所当然”地选择走入婚姻，继而通过婚姻登记获得能够被法律保障的关系。

宝拉

有一回，表妹问我："你既然不打算生小孩，为什么结婚呢？"听完这话我觉得特别不自在，于是就只说了句"各有各的活法"，但我丈夫说："在咱们国家，如果我们不结婚只是同居，会受到许多来自周遭的非议。"打个比方，像我们这样以夫妻的关系一起出现在各种场合，一起工作，周围的人会认为我们的关系是良好且正当的；但如果是一对有着事实婚姻的情侣做这些事情，人们就会在背后议论纷纷。事实婚姻明明也是婚姻生活，这就非常不合理。但我和丈夫没有必要非得承受那些非议也要坚持着不结婚。

韩国目前还没有修订《生活伴侣法》，那么那些想结婚又能结婚的情侣没有理由不结婚。通过婚姻登记获得受法律保护的婚姻关系，也是结婚的重要原因。几位受访者表示以下几种情况能够很明显地感觉到有合法配偶的重要性：车祸住院的时候，无须父母同意申请助学贷款的时候，需要在国外延长居留签证的时候。即便很多人能够带着这种意识走入婚姻，还是会有很多像宝拉表妹那样的人，不断带着责问的语气对没有孩子的夫妇刨根问底。"既然不打算生小孩，为什么结婚呢"，这不奇怪吗？这话听起来像是在说生育才是结婚的唯一目的，而且让人觉得对于提问者来说孩子才是结婚唯一的意义。

在京

【采访者：你怎么看“既然不打算生小孩，为什么结婚呢”这个问题？】我觉得提问的人对婚姻生活的理解非常表面。职场中有很多比我年长的人试图带着“善意”，给我一些婚姻或是人生的建议。但是我跟这个男人一起生活了九年，我目前人生的三分之一以上都是和他在一起，所以我觉得任何人都没有资格在婚姻生活方面给我建议。我听过的最可笑的一句话是“有了孩子才能过得久”，说这话的那位只不过年纪比我大，但结婚也才两年多。当然我不是说婚龄长，就有说更多话的资格，但如果才结婚没几年，更没必要说这种话了。重点是两个人的互动和三个人的互动是不同的。哪怕是团队协作，多一个人就会更累，并不会变得轻松。所以我觉得这种话是不合常理的，也没有科学依据。

有了孩子，婚姻就真的会变“长久”吗？崔唯娜九年间经手了一千余件离婚诉讼案件，她在社交平台上连载的网漫《婚姻危机》就是以她的经历和感受为灵感创作的，截至2020年6月，其社交账号的关注数已经超过十八万人。她在采访中说自己经手的80后夫妻离婚诉讼中，百分之九十以上的夫妻都是因为孩子的问题离婚。

虽然表面上都说是家庭暴力或是丈夫不务正业，但仔细听就会发现归根结底还是育儿中的压力太大，才会产生这些问题。我们生活的这个时代，要养一个孩子真的非常困难。房价上升，就业困难，人们的观念变了，家里对孩子的期待自然也就高了。[27]

包括我和在京在内的所有受访者中，共有十三人是80后。

另外我还想问，维持“长久”的婚姻是结婚最重要的目的和意义吗？许多受访者并不认为婚姻是永恒的。她们在婚姻生活里充分地获得了幸福感，并且认为不生养孩子是维持这份幸福感的方法之一。

智贤

人们都说生养孩子的过程是幸福的，而我觉得自己已经从婚姻中获得了这份幸福。人生本就是辛苦的，每个人都想做大事成大业，都不想输，但是丈夫教给我一个能够活得舒心的办法。我是个一闲下来就会有极大负罪感的人，从公司辞职以后闲着的那一年，我内心非常煎熬，但是丈夫说就当这是安息年。不久前，一个朋友的母亲问她：“智贤为什么不生孩子？”朋友回答说：“她过得很幸福。”朋友母亲接着说：“那是因为刚结婚。”但当时我已经结婚七年了，所以要到什么时候我和丈夫的关系才会变差呢？（笑）我觉得哪怕有一天我们的感情大不如前了，但我们已经有了七年的幸福，那就当是我们提前拥有了将来的幸福，正好扯平了。幸福是递进的，难道说没孩子就会突然变得不幸吗？

汉娜

【采访者：你觉得自己在婚姻里能得到什么？】自从我患上纤维肌痛综合征，每天都度日如年、生不如死。我很早就签了器官和遗体捐赠协议，我希望到五十岁左右都能一直做自己喜欢的事情，如果那时身体不允许我继续做下去，那么我想尽早和这个世界告别。婚后我最大的改变就是有了活下去的意志。如果不是遇到了现在的丈夫，我也不会养猫。以前养的那只猫因为心脏病去世了，自那以后我纵使有心养猫也不敢确定自己能不能对它负责，所以一直没有再养猫。但是婚后我们养了很多只猫，如今我、丈夫还有猫组成了一个家庭，说实话我也是第一次体会到原来世上还可以有这样的“家人”。

从春到夏，到秋，直到初冬，我倾听了许多女性的故事，她们在婚姻、家庭、事业、爱情和社会关系方面都有着不同的经历和想法。在采访接近尾声的时候我遇到了珠妍，她用简洁的语言总结了婚姻对于丁克夫妻的意义。而这段总结恰好也完美地回答了“既然不打算生小孩，为什么还要结婚”这个浅薄的问题。

珠妍

我认为婚姻让我和丈夫成了人生的伙伴。哪怕只有我和他，我们也是一个家庭。所谓完整的家庭，并不是一定要有孩子。

第　三　章

CHAPTER 03

韩国是一个适合生育的国家吗？

一场围绕丁克女性的工作与生活的对话

无子女夫妇如何分配家务?

○ ●

2015年春天，我和丈夫结婚，婚后我一直工作到2017年春天才离开职场。每天上下班要坐三十分钟公交车，但哪怕是这么短的通勤距离，下班回家别说做饭了，连拿筷子的力气都没有，得先静躺两小时恢复体力。遥想当年，十二年来我天天熬夜如同家常便饭，运动健身更是与我无缘，体力非常差，许多时候我都筋疲力尽得像一块没电的老旧电池瘫在那里。

"每天除了公司的事什么都没做，还这么累，要是有了孩子怎么过呢？"

离职三年，至今没养过孩子，所以这个问题我不知道该如何回答。那么两个没有孩子的成年人是如何分担家务的呢?

利善

刚结婚的时候我做饭还挺积极的，我觉得谁做得好就该让谁来做，所以我们家都是我做饭，丈夫洗碗。但我渐渐发现做饭是件相当花时间的事情，所以现在我们俩是每个月轮流做饭。也就是说不管做什么食物，哪怕从外面买，也要让每个人都有机会去思考我们这顿吃什么。我们俩对吃的兴趣不是很大，所以也不需要做得很好吃。另外家里的卫生我们会一起打扫。

智贤

我和丈夫都有过独居的经历，所以我俩现在感觉就是两个独居的人在同一个房子里生活。有时候谁饿了去煎个蛋，另一个人就说“给我也来一个”，然后煎好了一起吃。饭都是我丈夫做，我一般洗衣服或者整理衣服，因为我不喜欢家里乱七八糟的样子。至于地基本没扫过，也没拖过，基本上就是打算靠搬进来的时候家政公司打扫完的样子撑两年……我妈说：“连蟑螂进了你们家都嫌太脏要跑路。”（笑）

我们家是丈夫做饭，我通常会倒倒垃圾、交交水电费、买些生活必需品什么的。洗碗和洗衣服会一起做，至于打扫卫生……能不做就不做。我觉得如果两个人在卫生方面的容忍度差不多，能够大大降低生活里的矛盾。我偶尔会用湿纸巾简单擦一擦满是灰尘的地板，擦的时候我还挺庆幸，因为我心想这要是家里有个满地爬的小婴儿，那我就过不上现在这样的日子了，所以我十分认同智贤的这段话（后来我想了想，哪怕家里有个能走路的孩子，那现在的日子也会不复存在）。

在京

我和丈夫结婚前就住在一起了，因为和各自的家人来往比较频繁，所以大家都觉得我俩更像是室友。我俩通常会在一张大桌子上用各自的笔记本电脑办公，饭也是各吃各的，所以经常开玩笑说："这个家就是个共享办公室啊。"我们商定好在打扫卫生和洗衣服方面实行排班制，但我俩都有各自的工作节奏，可能没办法遵守。一般都是看情况，比如，脏衣服太多了，那就是谁有时间谁洗，打扫卫生也是谁受不了谁做。十次买菜里有七回是他，三回是我，偶尔周末我们会一起买菜。

圣珠

家务这块，我俩都上班的时候平分或者丈夫做得多一点。现在我的可支配时间更多一些，所以我负责在工作日做饭和打扫。我会把饭做好放在冰箱里，早上丈夫拿出来吃完再上班，周末他会负责做饭和洗碗。【采访者：如果家务分工不顺利会怎么样？】会每天都吵架吧，我要是跟前男友结婚肯定吵得很厉害。（笑）但是男人们真的不爱做家务。"我在外面赚钱养家，回家了还得做家务？孩子白天上幼儿园，老婆在家不是闲着吗？"我最讨厌这种话了。以前我在公司的时候，从没见过早早把工作做完，抓紧回家陪孩子的已婚男人，他们全都是下了班就去喝酒。

一方面，根据两个人的工作性质、健康状况以及是否住在一起等情况，夫妻俩所需要承担的家务量和方式都会有所不同。大体上居家办公和自由职业的受访者们表示会承担更多的家务，但也有例外，比如汉娜说早晨是她一天中状态最差的时刻，所以包括早餐在内的七成家务劳动都由她的丈夫承担。而分别在两个城市工作的珠妍和丈夫只有周末才见面，他们的生活是各自独立的，因此珠妍表示："我俩目前不需要分担家务。"

另一方面，如果家里的主要经济来源来自妻子，那么丈夫也会承担全部家务。英智的丈夫在造船厂工作，但统营地区造船业日渐萧条，他每工作三个月就会暂时停职三个月，英智接受采访的时候，丈夫正处于一年的长期停职状态。在那之前，本就被削减至六成的工资也不发了。英智每天都把行程排得很满，上写作课、参加读书会等，她的丈夫不上班，每天的日常就是照顾他们的生活起居。

英智

刚结婚那三年，家务全都是我做的。那时候丈夫早晨六点半去上班，一直工作到晚上九点。但是渐渐地，丈夫的工作变少了，我的事情变多了，于是我俩分担家务也越来越均衡。【采访者：外部环境的变化影响了家务分配，你们在适应的过程中遇到了什么困难吗？】我发现最重要的就是要做各自"做得来的事情"。我讨厌做饭，而我每次夸丈夫做饭，他都很有成就感。家里的植物是丈夫在照看，猫是我在照顾；丈夫不喜欢打扫厕所，但我很喜欢。大致是这样，但现在我的事情呈直线增多，所以丈夫几乎承担了所有家务。

三年前，素妍丈夫的公司进行了一次大规模的结构调整，丈夫因此离职。素妍经营着一家律师事务所，而丈夫负责她的几乎所有饮食起居和出行。

素妍

我读法学院的时候，还有丈夫在公司上班的时候，我做得比丈夫多。我丈夫以前是个很不会整理的人，但婚后越来越好了，他从公司辞职之后几乎承担了所有家务。家政阿姨每周会来两天帮忙做基本的打扫和洗衣服，而丈夫就负责做饭、洗碗、垃圾分类、打扫猫的卫生间，用衣物护理机护理衣服以及用扫地机器人打扫卫生。有庭审的日子，他会负责早上叫我起床、做早饭、开车送我去法院，结束后送我回事务所。反过来想想我做了什么，我确实什么都没做。

英智和素妍的工作时间越长，收入就越多，既要专心工作，又要保证一定的生活品质，那就必须有其他人的照顾。这两个例子中非常有趣的是，从刚结婚到现在，女方的工作越来越多，男方的工作岌岌可危，于是家务劳动的分配比例就自然而然地发生了变化。然而父权制决定了女性无论有没有经济能力，都会被束缚。宝拉夫妻俩都是没有固定收入的艺术工作者，宝拉的工作比丈夫的更多，她的情况不仅从家务劳动平等，而且从女性课题上带给了我许多思考。

宝拉

我一直觉得婚后自己能做得很好，因为我从书上看了很多关于平等生活的内容。然而结了婚我才知道，包括家务劳动在内的所有事情都非常难。我母亲说这就是“女人的一生”，我丈夫其实经常帮忙，但是他基本不会做家务。我们经历了很多次尝试，如今两个人分到的家务量才达到了差不多的程度，即便如此我承担的部分相对来说也要更重一些。一般我分配的时候，经常会无意识地说抱歉或者感谢，我是从什么时候感觉不对劲的呢，这些话丈夫就不会说。有一回家里有热饭和冷饭，我只给丈夫盛了热饭，而我自己吃了冷饭。那一刻我恍然大悟，原来自己跟母亲在做一样的事情，于是我将冷饭放到一旁，盛了热饭来吃。（笑）那一刻从小看到大的东西和从书里学到的东西交织在一起。那之后如果正好没饭了，我也不会现做，就买速食米饭吃。

这个故事里没有需要被全方位照顾的人，只有关系平等的两个人，在不断对家庭生活中的基本家务劳动进行试错之后，才终于找到了比较满意的家务分配方式。那么试想如果有了孩子会怎么样？

有一次，我在全民线上咨询网站内特版（pann.nate.com）看到了一个非常有趣的帖子[28]。发帖人声称自己是“已经宣布拒绝生二胎的职场妈妈”，她说八九成的未婚男性都认为“妻子必须工作，而且至少要生两个孩子”，他们甚至觉得“只要休几个月产假或是申请育儿停薪留职，然后把孩子往托儿所一送就行了”，所以她专门为这些男性准备了一份核对清单。这份清单共有三十七条，在这里我只介绍一部分。

“好……现在请希望妻子也上班的先生们仔细想一下，以下这些如果你们全都能亲自承担，那么生也没关系。”

当然，到底生不生还是要由女性来决定的，但我还是觉得这份清单必须编入中学的《生产与养育》教科书中。

□入睡后需要每隔两小时起床一次，给孩子喂奶、洗奶瓶、帮助妻子吸奶，做完这些事情后第二天是否还能起床去上班？

□你是否能连续几小时抱着一个轻则三公斤，重则十公斤以上的婴儿，并忍受他不断乱踢、流口水等行为？

□当托儿所发来短信问你要尿布、湿纸巾、牙膏、牙刷、干净裤子等物品的时候，你是否随时都能够拿上这些东西送过去？

□你是否能每晚坚持清洗孩子的餐具，并为其消毒？

□你是否能准备孩子生日宴上吃的食物，以及包装给宾客的答谢品？

□你是否能做孩子春游要吃的盒饭，并按照老师的要求一样不落地准备水、饮料、饼干和水果？

□你是否能每个月都按时支付孩子的托儿所费用并申请所得税发票？

□（重要）孩子入托、入园需要报名排号，你是否能为此请假并四处奔波？

□你是否能每晚看着孩子写作业，并给作业打分？

□寒暑假期间，家中是否有照看孩子的人？或者你是否能够请假亲自带孩子？

“韩国育儿费用计算器”用后记

○　　　　●

有一天，我在网上看到一个名为“2019韩国育儿费用计算器”[29]的链接，于是点了进去。这个网页以某媒体调查统计的大数据为基础，可以根据“不同的育儿选择，对孩子从出生到大学的各个阶段分别需要花费的费用”进行计算。要不要想象一下？从第一步开始就让人望而却步。

即使适当地缩减在胎教旅行、成长相册这些费用上的开支，从怀孕到生产也要花费10248000韩元（约人民币53000元），中间的那个0是不是乱入了？来看出生到周岁阶段，即便所有婴儿用品和衣服都从姐姐那里拿，也要花8508000韩元（约人民币44000元）。之后几个阶段的费用呈直线上升：从托儿所到幼儿园需要花费79748000韩元（约人民币41万元），这还不是顶级配置；从小学到大学的费用又多了一位数，达到了242688000韩元（约人民币126万元）……也就是说，这份调查是在告诉各位做好心理准备——生个孩子转眼间3亿韩元（约人民币156万元）就没了。这太离谱了，哪怕花光所有积蓄都不够！就在我感到惊讶的时候，最可怕的一句话出现了：

“当然，这张预算清单里不包括房价。”

那些喜欢四处劝人生孩子的人最常说的一句话就是：“孩子生来自带口粮。”虽然这话是带着善意说的，但我还是想说，孩子吃的、穿的钱不会从天上掉下来。首先，生养孩子会损失掉一笔机会成本；其次，有了孩子就会迫切地需要稳定的居住条件，这又是一大笔钱；最后每个孩子的健康状况和能力不同，所以在教育方面又不知道要投入多少钱。养一个孩子，准确地说是培养一个生命，需要不断地投入金钱。所以如果有人想跟我说这种话，我希望他能先大概给我341192000韩元（约人民币177万元）再说。这还是在平均水平[30]上打了折之后的费用［根据韩国育儿费用计算器显示，一个平均收入的家庭养一个孩子，从他出生到大学合计需要支付约381980000韩元（约人民币199万元）］。

我想知道受访者中是否有人因为经济原因而选择不生孩子。虽说受访者中没有人经济困难到难以维持生计，但大多数人都表示做决定的时候确实考虑过“钱的问题”。贞媛大概在婚后一年的时候从首尔搬到了忠清北道的某小城B市，她主要靠写稿或是零散的读书课赚钱。贞媛的丈夫本是首尔一家公司的网络规划设计师，后来转为居家办公，再后来辞职靠买股票赚生活费，就在我和贞媛认识不久前，他重新回到了公司上班。

贞媛

【采访者：你丈夫在公司如何？】我丈夫不适合在公司

上班，当然我觉得或许没人适合在公司上班。（笑）他在家待了两三年，最近他说去公司上班也不错。他刚进公司的时候说只待五年，但待久了他说这里的压力不像之前那家公司那么大。或许是因为这里是乡下，每天下班都很准时（因为工作和生活平衡好了，所以状况变好了）。其实如果我和丈夫收入不高，大不了就天天吃泡面，但孩子不行啊。我俩至少要有一个人维持稳定的收入，这对我们来说是个大问题。但像我爸这种在一个单位待了三十多年的人就完全无法理解我们。我们只要一想到要在一个地方工作到六十岁，就觉得人生里失去了太多东西。

在我的生长环境中也有一位在一个单位工作了三十多年的父亲，所以我曾经对于没有稳定收入的人生有种莫名的恐惧，现在也是如此。但是不知不觉间我就产生了想要辞职的念头，丈夫也是在差不多的时期离开了公司，如今我们正好做了三年的自由职业者。但如果我们有了孩子，那么我们中至少有一个人要去找有稳定收入的工作，重回职场。以贞媛为代表的大部分养宠物的受访者们表示："准备在卡里存300万韩元（约人民币16000元）的固定资金，以备猫或狗突然生病的时候使用。"宠物都如此，更别说养个孩子了。

玟荷

每个月丈夫发工资以后我们还完贷款和信用卡，就没有多余的钱可存了。可养孩子要花很多钱，听说连安全座椅和婴儿车都要一百多万韩元（约人民币5200元）。每次听怀孕的朋友说什么东西多少钱的时候，我都说："这孩子我可生不起。"甚至连月子中心也要花好几百万韩元。【采访者：有没有跟丈夫聊过如果生了孩子怎么解决钱的问题？】没有，我们只聊现在我俩要花的钱。比如，我们的信用卡里又欠了多少钱。（笑）我们现在想买什么就能买什么，欠款也不是很多，所以打算慢慢还，但要是有了孩子就要紧张起来了。

说真的，如果没有养孩子的计划，人确实会变懒。上次我们的全税租住合同很顺利地续约了，但是我会偶尔担忧是否可以一直像这样毫无规划地生活下去。其实再过半年，全税租住合同又该续约了。

一直以来我都听很多人说过这句话：在世界经济危机的背景下，个人的命运走向可能会面临意想不到的转折。英智的丈夫目前正在休无薪长假，我问她是否担心以后的生活，她说："我不知道以后会怎么样，只要我们现在能照顾自己，我就觉得事情没那么糟糕。"

英智

去年有人给丈夫介绍了一个在坡州市的工作，丈夫要是去了，我俩差不多一个月只能见一次。我们都觉得"这样不太好”，还不如我再多做一些事，丈夫在家多做些家务。【采访者：如果当时你们有孩子，丈夫会去吗？】如果有孩子应该会去，因为生活的标准变了。我很喜欢现在的工作，但是丈夫在造船厂的时候每天工作时间长还很累。但要是有了孩子，就算再累也不能辞职。我的学生也会经常跟我说“老师，听说养我要花两三亿韩元”什么的。

英智和丈夫都选择了提高收入的同时，又不那么累的状态。虽然如今的社会整体追求的是能挣的时候尽可能多挣，以便减少一些未来的不确定性，但是我能够理解他们的选择。或许因为我这个人很懒，我婚后一直觉得我俩住在一起不必去完成一个又一个任务，只要两个人关系和睦地一起变老就很好。我希望我俩能给对方最大的自由，其中也包括不对对方能够赚“更多”或是“很多”钱抱有期待。我希望我们至少能够成为不要求对方做自己不想做的事的好搭档。这并不是因为我不追求物质，而是因为我知道我不会有一个每天、每月、每年都要花钱的孩子。

善雨

我父亲是家里众多兄弟姐妹中的老大，爷爷走得早，所以他二十出头就成了一家之主。直到叔叔们上大学，家里都是靠着父亲的工资和母亲一直打零工赚的钱生活的。因为家里条件不允许，我也曾放弃自己想要的东西，比如说，除非班里没手机的孩子不到五个人，否则父母就不给我买手机。

我想学什么东西也不能大大方方地说出来。但我其实也不好说如果我的孩子“想做什么”，我就一定能支持他去做。因为现在养孩子肯定比我小时候花得多，要是我不能让孩子做自己想做的事，我一定会很难过。以前我曾经跟朋友说，要么两个人都在国企工作，要么一个人是公务员一个人在银行上班，否则就养不起孩子。是否有能力用钱来买育儿服务和教育服务，这点非常重要。

关于是否有“足够的钱”去养孩子这个问题，我想起了因为孩子上幼儿园的事情头痛的后辈所说的话：“在养孩子这方面，不能计较性价比。因为不知道什么东西是对孩子好的。而且虽然是我生的，但他到底是个什么样的孩子我也不是很了解……”

允熙从父母那里借了一笔启动资金准备开一间咖啡厅，在生孩子这件事上她并非持有“完全不想生”的立场。她说“想等收入稳定有了能养孩子的经济条件，再生孩子”，还说自己或许能成为一个好妈妈。她和丈夫都只短暂地有过一份稳定的工作，大部分时间都在类似课外补习班这样的地方打零工，允熙的父母一辈子都有稳定的工作，现在靠一份相对宽裕的退休金生活。哪怕允熙为了生孩子而推迟创业计划，夫妻俩都没有收入，他们也能得到父母的经济支持而不必担心生计。然而允熙能够非常理智地区分欲望和现实。

允熙

但我们不能这么做。二老有二老的生活，他们又不是会永远活下去。而孩子会一直跟着你，不是说养个十年就消失了。【采访者：如果你想生孩子，你完全可以先接受父母的经济支持，在年纪大之前先生，为什么你没有这么做？】我差点就有了这种想法，但又把自己拉了回来。每次我想着"要不就生吧"，但又会想孩子生下来之后怎么办。我正准备开一间咖啡厅，这件事没有我不行，而且房子都已经租了好几年。但如果我怀孕了，就开不了咖啡厅了，而且这一休就会是好几年。所以无论是出于经济方面的考虑，还是我个人的成就感，我都觉得只有到了我们可以预见能过上好日子的那一天，我们才能生孩子。但如果真到了那个阶段，可能我的身体状况又不允许了，那么还是很难。

湖静夫妻俩都在公司上班，有一份稳定的收入，但他们也曾为养孩子所带来的经济压力感到担忧。她甚至已经在担心很远的将来。

湖静

每次我因为工作太累想辞职的时候，就会问自己："现在辞职，你存够几年的生活费了吗？"如果把钱花在养孩子上，那我给自己养老的钱就会变少，本就不知道今后要过多少年的"退休生活"，这样只会让将来的养老钱更加捉襟见肘。还有一件让我压力很大的事，我不知道自己能以怎样的方式对孩子负责，以及能守护他到哪一步。最近刚进我们公司的年轻人大都是富人家的孩子，很多都是海归，还有一些人一看家里就很有钱。如今这个社会，如果没有有财力的家庭给予支持，甚至连普通公司都很难进得去，所以我很担心像我这样的人就算再努力，也很难让孩子进个普通公司。我只是一个住在京畿道的上班族，甚至连套首尔的房子都没有，除非我的孩子是个天才，否则他不为钱所困的概率是很小的。就是会有种“如果孩子出生了，他也很累，我应该也会很累”的感觉。

那么，让我们进入“韩国育儿费计算器”的最后一个问题：你的选择是什么？

如果你选择“不必非要生孩子”，那么下方会出现这样一段话：

有28.9%的未婚男性以及48%的未婚女性也是这么想的（2018年韩国保健社会研究院问卷调查）。让他们产生这种想法的理由包括：“如今的社会很难让孩子过得幸福”“想要在经济上过得更宽裕一些”“想要享受二人世界”“有了孩子就会失去自由”。我们为专注于自己人生的你，加油！

我希望已婚人士能明白自己拥有“选择”的自由，我也有点好奇选择了“我还是喜欢孩子，想生”之后下方会出现什么，但实际上也并没有那么想知道。

不生育与事业的关联

○　　　●

虽然布里吉德·舒尔特的《不堪重负》主要讲的是现代人的时间强迫症和高明的时间管理术，但书中最令我印象深刻的是“女性与时间”的关系。这本书的作者是一名记者，也是两个孩子的妈妈，她形容自己的日常生活“像碎片一样四处散落，并且被疲倦填满”。她一天只能睡四五个小时，哪怕每次至少同时做着两件事，也总是会赶不及或是做不完，因为要带小孩。布里吉德·舒尔特在书中提出了一个问题：女性是否必须在育儿和职业成就感中做出抉择，同时讲了一个小故事。有一次，她电话采访一位正在争取休育儿假或是缩短工时的父亲，这位父亲想要留在家承担大部分照顾孩子的工作，正在这时，在一旁听着的八十四岁的老父亲劝告作者：

> 布里吉德，你好像理解错了。男人一生中会面临需要抉择的瞬间，这种时刻他们需要思考：我是谁？我想做什么？我是做医生，还是做护士？我的人生目标是什么？
>
> “爸爸，那么你觉得女性的人生里不存在这种瞬间

吗？”[31]

当然，女性的人生里也存在需要做抉择的瞬间。如果问我想成为什么样的人……我想成为不必做妈妈也能成为的人，而且这世上也存在只有不做妈妈才能成为的人。对于把事业放在重要位置的圣珠而言，尤其如此。

圣珠

我想在事业上收获巨大成功，我觉得如果生了孩子就完全做不到了。【采访者：听说你的母亲就是一边工作一边养大了三个孩子。】我母亲是老师，所以才办得到，我的工作节奏非常不规律，所以我绝对做不到。【采访者：你在公司上班的时候是做什么的？】我们从国外拿货卖给韩国国内的企业客户，而我负责记录这个过程中发生的所有事情。比如，交货出了问题，产品质量有问题，或者是通知大家紧急召开新产品会议……无论是什么状况我都要去处理。有时候突然来个电话，我就要开车去外地出差，甚至是立刻飞去国外。回来以后太累了，也只能是跟一起出差的同事喝一杯，等到家就已经很晚了。我丈夫跟我是同一个职业，也在同一个环境里工作，我觉得这种情况下我们根本养不了孩子。

圣珠说那份工作即便是进入最紧张的时期，也能带来令人沉溺的成就感，但后来她跟着被派往海外的丈夫出国就离开了那家公司，那段时间她感觉非常煎熬。出国以后圣珠在当地工作了一段时间，目前在攻读经营学硕士为将来做准备。她的目标是“爬到女性占比稀少的行业顶端，改变该行业的性别歧视文化，让更多女性能够进入这个行业中”。我希望她能够成功，而且我总感觉她能够成功。

在京

我是个轻微的工作狂。我喜欢赚钱给自己花，很讨厌停下工作的脚步，不想经历职场空白期。其实我前公司有一套非常成熟的育儿假制度，可以让产妇毫无心理压力地休息两年，而且那期间还可以领到基本工资、效益工资以及福利卡。因为公司提供了这样的环境，大家就更愿意生孩子。但是从那家公司离职的时候需要递交一份材料，在离职原因一栏中大概有十多个选项，最上面的是关于离婚和生育的。当我看到这两个问题的时候，我就知道这是一份年头很久的文件，以及里面的观念有多落后。虽然这份工作很稳定，女职员也多，但很少有女性能升到课长以上的层级，次长就更罕见，这个情形让人怀疑存在晋升潜规则，也就是说如果有两个同等条件的员工，那么公司会优先提拔要“赡养家人”的男性。当时这些东西让我很累。我离职的时候，一位有孩子的老职员，也就是我的上司跟我说：“哪天你要是想生孩子了，就回来吧。”一开始我觉得“这个人不了解我”，但仔细想想或许那是前辈最深情的表达。我最近还看到很多女性结婚以后考虑从公司离职，还有的年轻女性会选择工作时间短的岗位。

在韩国，“对女性友好的工作”有以下几个特点：首先加班不能太多，其次不会因休产假和育儿假带来过多的损失，同时要让职场妈妈能够兼顾工作和育儿，做到以上几点的就是一份相对“好的”工作。这样的公司相比那些不具备这些保障的公司要更好，而且公司的组织文化中肉眼可见的性别歧视现象也更少。然而“对（养孩子的）女性友好的工作”就是对所有女性都友好的工作吗？首先，我们要知道这些工作能够提供给女性的成就感都是有上限的，如果一个没有孩子的女性想要获得高于上限的成就感，那么这份工作还是一个“好的工作”吗？答案是否定的，因为人们判定“对女性友好的工作”的标准非常低，这是不是也说明女性想要在社会上生存是很艰难的？

在京

虽说生养孩子那两年没有收入确实是个问题，但更重要的是值得为此错过两年学习和成长的机会吗？身处韩国社会，仅凭这些并不足以打动我。

湖静

这周已经忙到三个晚上没回家了，其中两次忙到早上七点，还有一次早上九点回去洗了个澡就上班了。我之所以说这个，是因为结婚并没有对我的生活节奏造成太大的改变。但我在想如果家里有孩子，三天不回去这个家还能运转吗?【采访者：首先心理负担肯定会很大，回不了家的日子就只能是配偶自己照顾孩子或者找个人帮忙，随之而来会产生新的苦恼，比如要为此准备谢礼，或者要表达自己的感谢和歉意。】我们组里有两个男同事，他们的妻子也都有工作。其中一位同事的父母住得近，还能帮着看孩子，我觉得如果父母离得远没人帮着带孩子，那就必须得辞职了。【采访者：他们也要在公司熬夜加班吗？】不用，熬夜跟我自己的性格有关，是我的个人选择。大家都会在晚上或者是周末加班，但是让有孩子的人熬夜加班就不太合适了。我们会突然去国外出差，有时候出差时间比预定的要长。我婚后曾经一个人在国外工作了半年多，因为我没有孩子。但要是哪天突然让有孩子的女同事出差，就得先问问对方："能去吗？"如果是男性可能就不会被这么问。

比较令人意外的是，湖静虽然一周有三天都在公司熬夜加班，但是她与圣珠和在京不同，她并不是成就导向型人格。湖静应该也是个很勤奋的上班族，但她没有升职这样远大的目标而是比较实际，她希望尽可能多工作几年，攒下一笔养老钱。

湖静

我有时候觉得工作很有趣，有时候又会累到大喊"我明天就要辞职”。但我得赚钱啊，而且我也没有孩子，辞职了我做什么呢？如果不工作我根本找不到什么事情来打发时间。我说不好哪个先哪个后，但有的人是因为没有孩子才这么活，有的人是为了这么活才不生孩子。

我简单补充一下湖静最后一句话：

“而且我觉得这样的生活还不错。”

在公司上班的女性会因为生孩子而遭遇职场空白期，或是难以兼顾工作和育儿，那么从事专业性职业的女性情况如何呢？不管怎么说，她们的情况会不会好一些呢？

“对于一个律师来说，生完孩子后前面的资历会被全部清空，无法恢复。”素妍是这么说的。

我不能理解，于是我找到了一篇新闻报道：

> 女律师A某在一家律师事务所工作一年后，向事务所告知自己怀孕的消息，但很快她就收到代表律师的通知，希望她自被通知日起三个月后离职。A某离职并生下孩子后准备再就业，然而七个月后她仍未找到工作。[32]

2017年韩国女律师协会针对会员们犹豫该不该使用育儿假的原因发起了一项投票，在诸多选项中31.6%的人选择了“公司内部反感育儿假的氛围”，22.8%的人选择了“休育儿假会导致工作不稳定”，还有19.9%的人选择了“休育儿假会影响人际关系”。[33]

素妍

通常代理一场官司的周期是一年，所以我们是每工作一年休息三个月然后再接下一个官司，这种工作节奏就会让很多事情变得棘手。以前我们圈子里有个不成文的规定，生完孩子以后用辞职来代替育儿假。大家之所以愿意这么做是因为之后想回来，律所还会接收。但现在大环境越来越难，人才供给又在增多，等生完孩子回来原本的位子已经没有了。所以招律师的地方公务员职位竞争就变得非常激烈。律师这个职业在生育方面的优势就是不用担心将来“没钱”可赚。找一找总能有地方去，只不过年薪会大跳水而已，反过来说就是如果不生孩子一直工作，那么你的预期收入就会非常高。但要是生了孩子以后再回来，那收入就要回到起点了。举个例子，哪怕我已经工作了四年，如果我生完孩子回来，那我拿的还是新人的年薪。本来就因为养孩子花销变大了，而因为生孩子年薪又至少缩水两千万韩元（约人民币10万元）。而且律师的工作时间非常不规律，几乎全天二十四小时都需要保姆。所以我身边这么尝试了一段时间后决定辞职的人非常多。我法学院的同届同学一百个人里面有一半是女性，其中成为法官和检察官的还在继续工作，但是女律师大概也就十个人，而且其中大部分还是警察局等行政机构的公职人员。自己开律所或是去律师事务所当律师的是极少数。

从现实角度来讲，无论是什么职业，对于任何一个正在积累经验并努力维持现状的女性来说，生育都是非常不利的选择。首先，不得不舍弃时间和金钱中的一样或两样；其次，人生会出现诸如健康问题等各种各样不可预测的变数。

利善

【采访者：我想一直努力做自己喜欢的事情，做到能做好为止，这个目标跟我不生孩子有什么关联吗？】有是有，但关键的不是不生孩子。最关键的是不想生孩子，其次是那些确实会占据工作时间的事情。无论如何，创意性工作的职业寿命是有限的，像这种需要去获得人们共鸣的工作，我最多能再做十年。而工作的量又是有限的。我丈夫让我一切自己决定，但他又说想要个孩子，所以我就问他："如果有了孩子，我至少一两年不能工作，如果是你你能接受吗？"他回答不能接受。于是我告诉他我们是一样的，希望他不要再说这种话。因为我丈夫也是对事业很有野心的人，所以他能理解我。

插画师利善语气坚定地给出了自己的结论，这带给我一种直接的震撼。利善想要做这件事情，哪怕它未必能带来金钱或是极大的成就感，她也会明确地告诉对方自己想要全心全意地去做这件事，希望对方能换位思考一下（而且她的丈夫很平和地接受了），这点给我留下了很深的印象。在我们的社会中，一个女人不会主动去说生孩子这件事让自己失去了什么，别人也不会说。他们反而会说“是你想要孩子（你的决定）才生的”，用这种方式将责任推给女人；而随着女人越来越爱孩子以至于牺牲自我去照顾孩子，他们又会说“你该感激自己获得了新的幸福感”，而且也不会弥补女性所承受的损失。男人本应该同女人一起承担这个责任，但大多数情况他们都选择视而不见或是逃避。然而，一个女人的人生目标中孩子不应该是基本参数。不管女人成为什么样的人，我们都要知道并不是“相比其他所有角色，母亲才是价值更高的存在”。夫妻二人中只有女人能怀孕，并不意味着对女性来说只有怀孕是有价值的。换句话说，女性总会迎来那么一个瞬间，需要她做出更有分量的抉择——我想成为什么样的人？我想过怎样的生活？我人生中最重要的是什么？

工作中权益受损的真正原因

○　　　　●

一直以来，我都只在小公司工作过。我们公司被大公司收购过，也曾被再次转手卖掉，但被算在“我们团队”里的人从来没超过十五人。我供职的公司大部分职员都是女性，除了主编以外都比我年轻，已婚的在任职员少到三个手指就能数得过来，其中没有一位女同事在任期间生过孩子。所以我从未因同事休生育假导致职位空缺而烦恼过。

我第一次知道这种问题还是听我认识的未婚女性们讲的，她们向我大吐苦水，说自己一直在帮公司里休产假的女同事工作，压力很大。她们不仅要培训休产假同事的继任者或是替补职员，还要在新同事完全适应之前不停地帮他做许多工作。几年前，媒体报道了某家医院私底下强制护士们接受“怀孕排号制度”[34]，而像这种不成文的规定很容易出现在女性从业者居多、工作量巨大的行业里。圣珠的第一份工作就是在这样的行业里。

圣珠

我们部门三十个人里面有二十多个是女性，每隔几个月就有人请产假或是育儿假。我们部门工作量又特别大，所以部门里没结婚、没生孩子的人每天都工作到半夜十二点，周末还要来公司加班。【采访者：公司该如何解决这个问题？】需要提前招人。人已经去休产假了，剩下的人工作量呈指数级增长，就算公司招了新人，那新人达到能完成过去这个岗位的工作量的程度也要花上一段时间。刚开始的时候新人连半个人的工作量都很难完成，那剩下的人就得拼死干活。有的公司甚至不招人。也就是说要根据预产期提前做准备，比如她从十月开始休产假，那跟她交接的人九月甚至八月就要到岗提升业务能力。

即便所处的工作环境女性从业者不是大多数，也没有高强度或高密度的工作，但少了一个人也会给其他人造成巨大的影响，令他们产生不满的情绪。医生柳林就遇到过这种情况。

柳林

我还没结婚的时候，一个后辈休产假了，那个时候我每天还要把她的事也做完，就有点烦躁。我并不是气那位怀孕的后辈，而是对让我去填坑的上司不满。我还在我们圈里的匿名论坛看到过有人发帖大骂怀孕的同事。我有个朋友单身，他也在公司里有过很多次类似的经历，还说自己累的时候会很讨厌休产假的同事。事情又多又累人当然会让人感到烦躁，其实这个问题只要招个新人就能解决，但那似乎是天方夜谭。

小学老师和护士一样都是典型的女性从业者居多的职业，但是生产和育儿方面的制度更合理一些。而且由于很快就能补充人员，离开工作岗位的人也不会有那么大的压力，而像度允这样留下的人也表示："没生孩子的人也并不会觉得吃亏。"

度允

学校分派工作的时候，会照顾准备生孩子或者有好几个孩子的老师，把相对轻松的工作分给她们。像是要处理很多材料的行政工作和置办很多东西的工作几乎不会交给她们。像那种量很大且完整的工作通常会交给没孩子或是情况相对好一些的老师，但我并不觉得吃亏，因为积累了一定经验之后就应该做这些事情。不管是休短假还是长假，都会有其他人去填补空白，我不需要去接手别人的工作。

总而言之，因为女性职员的生育问题产生的矛盾，会随着不同管理层的经营策略而激化或消解。即便是没有生养孩子的女性也认为生育休假制度是十分必要且合理的，因为她们不想向生孩子的同事追究因职位空缺引发矛盾的责任。

湖静

我身边的大部分上班族都不喜欢去上班。既不用辞职，又能不去上班的唯一方法就是休产假，我有时候会想原来我失去了这个机会。（笑）但实际上正是因为生孩子之后需要在育儿上投入大量时间，所以才有了生育休假制度。如果问我们部门有孩子的男职员："你想回家养孩子，还是工作？"他们都会选择工作。因为他们完全不觉得休育儿假是件既轻松又幸福的事情，所以我并不觉得自己不生孩子、休不了育儿假就吃亏了。

在京

我听说女职员多的地方，管理层怕产生职位空缺，会要求她们"排队怀孕"。我一直都在男性居多的行业工作，几乎没有过这方面的担忧，但是我经历过同事突然休育儿假的事情。当时那位同事先把自己休生育假的计划告诉了我，而且还做了一系列准备，以减少职位空缺造成的损失。而且她觉得我不加夜班和她自己不加夜班同等重要，就把所有工作都提前处理好了，所以我并不觉得自己受到了什么损失。

布里吉德·舒尔特在《不堪重负》中将传统的职场文化对劳动者的期待形容为"理想型劳动者"：

"理想型劳动者"即便是孩子出生也不能休生育假，而且不需要弹性工作制、小时计费制、居家办公等"关怀员工"的工作制度。"理想型劳动者"不需要做家务，也无须带孩子，所以他们可以全身心地投入工作中。他早上第一个到公司，晚上最后一个下班，也几乎不会因生病或旅行离开工作岗位。“理想型劳动者”对自身形象的判断与工作密切相关，所以即便是身体健康或家庭生活出现问题，他们也只会埋头不停地工作。[35]

这与韩国的职场文化对劳动者的期待相似。

在就业岗位不足的大环境下，为什么韩国劳动者们认为超负荷劳动和加班是理所应当的呢？难道不是用工环境出了问题吗？用工单位用最少的人力来维持组织运转，他们给一个人分配1.2倍的工作量，如果团队里少了一个人，那么剩下的人可能就要做1.5倍的工作。在这种只有不停地更换人手才能正常运转的组织里，兼顾工作和育儿的女性就只能处于一个绝对劣势的位置（当然，即便不生养孩子也处于劣势地位了）。我们不应该只是将问题归结于生养孩子的“女性”身上，而是应该思考如何完善以男性为主导的整体社会共同分担责任的制度，否则那些不生养孩子的女性在组织内部所承受的损失和压力将永远无法被消解。换句话说，不对同事产生怨恨的第一步就是让“理想型劳动者”消失。

“单克”女性就业困难的原因

○ ●

我采访的女性大都是“丁克”，但实际上我非常想认识“单克”（Single Income No Kids，指夫妻中只有一人有收入的丁克家庭）女性。因为我很想知道一个“不生孩子也不工作”的韩国已婚女性在生活中会有什么样的经历。我在社交平台发出公开征集受访者的帖子之后，在众多与我取得联系的受访者中，玟荷是第一个也是唯一一个表明自己处于“无业”状态的女性。虽然二十五岁的玟荷不想生育也没有生育计划，但她并没有明确地和丈夫商定不生孩子，所以我再次向她确认参与采访是否会对她产生影响。在短暂的犹豫之后，我还是想要先跟她见一面。我好想听听她的故事，想知道一个不住在大城市、没有工作，也不想生孩子的年轻已婚女性是如何承受生育压力的。

为了帮助玟荷最终确认采访意向，作为参考我将采访问题发给了她，通过玟荷在几个大的主题下填写的简单回答我找到了一些线索，而其中玟荷关于“工作与事业”的回答引起了我的注意。

“我结婚的时候辞掉了工作。或许这是一种逃避，但其实我最后悔的就是辞职，因为已婚女性非常难找工作。我想找点事情做，所以现在正在备考房地产经纪人从业资格证。”

我们约好资格考试结束后见面。

玟荷在庆尚北道A市长大，在本市大学毕业后进入了一家会计师事务所，由于经常加班她便跳槽到了一家中小企业，在那里工作一年后，也就是二十三岁时结婚并离开了职场。玟荷本不打算早早结婚，但当时男朋友的父亲快要退休了，他催促两个人结婚，还说：“反正早晚都要结，那就快点结。”我问玟荷：“不考虑其他，你当初打算什么时候结婚？”她答道：“我希望在二十七岁左右。”

玟荷

【采访者：你当初结婚以后必须辞职吗？】那倒不是。那份工作太累了，但是刚进公司没多久就结婚实在是不合适。我是年纪最小的，只能处处小心，而且公司是中小企业，面试的时候会问什么时候结婚。如果怀孕了就得辞职，我结婚的时候刚进公司一年，所以没敢说我结婚，只借口说要学点别的就辞职了，婚礼也没邀请公司同事。【采访者：公司里没有其他女职员吗？】那家公司大概一共有六十名员工，除了我就只有一位五十多岁的女性。我听说她是婚后孩子大了、上初中以后才进的公司。

就像玟荷说的那样，辞职或许是种逃避。我当初也是这样，但我刚进入社会的时候，做什么选择都是稀里糊涂的，听其自然。玟荷婚后不久准备再就业，但这次却没有预想的那么顺利。不知不觉间，她被从“优秀求职者”的行列中淘汰，划入了“不久后就要生孩子的女性”的行列。

玟荷

结婚以后总是被叫去婆家，所以我心想：看来我得找要加夜班的工作了。【采访者：可你是因为不想加班才辞职的。】是的，可我现在觉得我要加班，周末也得上班。（笑）所以我打算再就业，以前我投简历，十家公司里有九家联系我去面试。但自从简历上开始写“已婚”，十家公司里大概只有一家叫我去面试。【采访者：简历上必须写已婚吗？】可以写也可以不写，但我直接写了。因为我觉得与其以后让公司知道遭嫌弃，还不如找一家明知我已婚还愿意要我的公司。但是那家联系我去面试的公司，其实是没看到“已婚”两个字才联系我的。面试官问我：“您没结婚吧？”我说：“我写了已婚。”结果对方说：“这样啊……”面试官接着问我什么时候结婚的，我回答去年，对方问我打算什么时候要孩子，我告诉对方不打算生孩子。结果面试官说：“就算这样，婆家应该会有意见吧？”找工作实在是太难了，我甚至会想：早知道当初就等工作稳定了再结婚。

玟荷之所以能进之前的那家公司，是因为之前在那个岗位的三十多岁的女职员为了备孕辞职了。玟荷说如果当初她如实将自己结婚的事情告诉公司，其实是可以继续留在公司的。

“老板应该会说除非怀孕了，否则在公司待着就好。”

然而我越来越感到疑惑的是，女性开始备孕之后不能选择暂时停职，而是要“理所当然”地离开公司，在这样的组织、地区、社会环境中女性是否有“选择”的权利呢？有的女性为了备孕不得不选择离职，而有的女性就因为“有可能会生孩子”而找不到工作。人们“理所当然”地忽略掉了玟荷不打算生孩子这件事情。幸运的是，玟荷意识到即便自己不打算生孩子也找不到工作，于是改变策略开始考证。

玟荷

【采访者：你想从生孩子的事情里抽身，所以选择备考的吗？】是的，如果有人问我在做什么，我只有回答在学习，他们才会少往那方面聊。【采访者：你怕大家觉得你在闲着？】是的，我母亲一直在工作，她也一直让我晚点生孩子，先工作。我父亲也觉得“女人也要工作”。我也是这么想的。如果闲着什么都不做我会变得很焦虑，所以我总得做点什么。如果我不能跟别人说自己在做什么，这会让我感觉有点抬不起头。【采访者：你觉得拿到证赚了钱以后，在丈夫面前也更有底气一些吗？】是的，每次给他发“老公，帮

我还信用卡……”其实都有点理不直气不壮。（笑）

然而像玟荷这样获得相应资格证后成为个体工商户的只是一部分。善雨曾在首都圈的一所代案学校做特殊教育老师，后来她因为身体原因辞掉了工作，婚后跟着丈夫来到了他出生和工作的城市。善雨虽然毕业于在首尔也屈指可数的一流大学，但是在江陵这个既保守又有很强的学历主义倾向的地区，“高学历”反而不利于女性就业。为了找工作善雨努力了将近两年，她是这么说的。

善雨

通常面试的时候会有两种情况，要么问我的生育计划，如果我说不打算生孩子就会被规劝。【采访者：一般都是怎么规劝的呢？】一般会问我为什么不生孩子。“请问您有生孩子的计划吗？”“没有。”“为什么没有？”“因为我不想生孩子。”“话虽如此，万一怀孕了……”“不是，我说我不打算生孩子！”（笑）【采访者：如果面试的时候说打算生孩子，会落选啊。】对啊！明明我不生孩子一直工作对他们来说是件好事。面试官问我为什么不生孩子，如果我说我和丈夫不打算要孩子，他们就会絮叨：“就是因为你们这样的人，人口才会变少。”每当遇到这种情况，我就想，还不如跟我说：“话虽如此，万一怀孕了呢？”更离谱的是，我去面试的大都是国企或社会福利机构，这些地方都是靠国家财政拨款运营的，每个单位都会问这些问题。按说国企尤其不能这么做，但面试的时候，我被问的总是关于孩子的问题，旁边有孩子的女性求职者被问的是“如果孩子病了，你会怎么做？”那次面试不能带手机进去录音真是一大憾事啊。

在经历无数次类似事情的同时，善雨参加了与过去的工作经历毫无关联的公费援助就业成功项目培训，后来政府规定了“每周最长52小时工作制”，地方市民团体为了补充人力，善雨才好不容易找到了工作。善雨在求职准备期间参加了首尔的一个女性组织举办的培训，该培训主要提供女性暴力相关的咨询员教育。她后来进入江陵市的一个女性组织做咨询顾问，主要工作是帮助那些遭受到暴力对待的女性，这些暴力的主要来源是以配偶为主的亲密关系中的男性。我问善雨：“作为一位已婚未育的女性，在工作的过程中是否需要考虑到自己的这层身份？”

善雨

遭遇家暴的时候，最好的解决方式就是分开。我见过很多因为孩子产生矛盾的人。像我既没有孩子又经济独立，那么最简单直接的办法就是和丈夫分开；可如果有孩子就很难分开。因为不管怎么说施暴者是孩子父亲这点是无法改变的事实，而且在我居住的城市里，一个带着孩子的女性几乎不可能找到一份能养家的工作，除非是养老院护工或者社会福利工作者。即便是这些工作，上班的时候也得有人照顾孩子。就我个人求职的那两年经历来看，好工作是没有的，哪怕是只拿最低工资的工作也非常少。这就是我工作中遇到的困难之一。

我们的社会一直在规训未育女性怀孕生孩子，而许多女性为了抚养孩子完全脱离了社会，这使得她们更加难以得到重回职场的机会。到底要让她们怎么做？人们理所当然地认为女人结了婚就要生孩子，而那些没生孩子的女性因为早晚要生孩子所以不被重用，怀孕了当然要辞职，生完孩子的女性不好找工作也是很正常的事情。难道要让所有女人都盼着嫁个“好丈夫”就这么过一辈子吗？善雨给我讲了一个关于“好丈夫”的故事。

善雨

这个故事是一个未婚的朋友讲给我听的，她的同事准备回家带孩子就辞职了，我就叫她“某某”吧。离职那天她老公送了一个花篮到公司，上面写着：“哈哈！现在某某是我的了！”落款是孩子的名字。我当时听朋友讲完就直接骂脏话了，我朋友说她当时在现场很想劝某某再考虑一下离职的事情。但是其他已婚女同事纷纷在一边说“好羡慕你啊”“你老公好有情调好体贴啊”，她看到大家的反应有点摸不着头脑，所以就问我们这些已婚朋友的想法。我是觉得哪怕辞职是我的想法，但辞职本身是一个非常艰难且重大的决定……而其他有孩子的朋友觉得即便是自己决定要辞职的，但老公要是给她们寄这种东西，她们可能真的会拿花篮砸到老公头上。

听完善雨的话，我又想起了另一个“好丈夫”。

等孩子大一点，咱们偶尔请个保姆帮忙，孩子也送到托儿所。你就学点东西，找找工作。趁这个机会转行做点别的事，我会多帮你的。[36]

赵南柱的作品《82年生的金智英》中，金智英快要生了，她决定辞职，丈夫郑大贤温柔地说出了这段话，看上去很体贴，但其实他每次开口金智英心中都会冒出一股无名火，而我也很想破口大骂，很多女读者也读得咬牙切齿（非常遗憾的是，哪怕是郑大贤这样的人，在韩国社会的冷酷现实中也被人们评价为不可多得的好丈夫了）。

你能不能别用“帮忙”这个词？帮我做家务，帮我带孩子，帮我找工作。这难道不是你的家吗？你不在家里过吗？孩子不是你的孩子吗？而且我工作赚的钱难道都花在自己身上吗？为什么你总要摆出一副好心帮别人做事的样子？[37]

比“好丈夫”要好上五万倍的金智英在讲出这么重要的事实

之后先开口对郑大贤说了抱歉，我希望女人们千万不要再说抱歉了。对于女人为了孩子放弃事业这件事，有些人没有半点痛苦、失落和挣扎，只觉得开心和幸福，我希望女人们能对这些人，尤其是那些应该共同承担家务和育儿责任的丈夫表现出自己的愤怒。更有甚者，他们看到妻子因为工作很少陪孩子而内疚，很轻易地就说出“你别上班了，如你所愿在家陪孩子。不用担心我，你来做决定吧”这种话，这种人就该挨一花篮……咻！

住在小城市的丁克女性

○　●

在韩国，如果你不想生孩子，那么生活在首尔是相对好的选择。据韩国统计局2018年发布的数据，首尔女性的平均初婚年龄为31.3岁，平均头胎生育年龄为32.81岁，高于全国其他地区；以全国总和生育率（一定人群中各年龄组育龄妇女生育率之和，表明按这种育龄妇女生育率水平生育，平均每个妇女一生可能生几个孩子）0.98为标准，首尔以0.76的数据在全国垫底。相比全国，首尔市晚婚晚育，或者是干脆不生孩子的人最多。暂且抛开统计数据不谈，我身边主动选择不生孩子的女性就有四五个，而我是个自由职业者，也不认识隔壁的邻居，没有人对我不生孩子这件事多加干涉。大城市里少了一些有人会怀念的“邻里情”，但也保障了生活空间的私密性，多亏了这一点我才能够不加入任何组织，和亲戚们保持适当距离，也不必再去结交新朋友。

秀婉时隔好久才回到韩国，目前住在父母家里，我去清州采访她的时候猛地发现原来自己离开了首尔这个“温室”。我在长途汽车站坐上出租车，刚说完采访目的地，司机就开始“查户口”。他似乎非常好奇为什么一个外地女人会在工作日的白天独自前往一家高档咖啡厅。从哪里来，去见什么人，对方是不是本地人，多久没见了……虽然首尔的出租车司机也经常向女乘客提一些冒犯的问题，或者试图教育她们，但是三十五岁以后我几乎没有遇到过这种事情，而如此刨根问底的情况更是少之又少。我只觉得越来越烦躁，此时司机问我："您知道像您这样到处跑的人必须得有什么吗？"那一刻我的忍耐已经到了极限，我并没有顺着他的话反问得有什么，而是冷不丁地来了一句："得没孩子呗。"车里的气氛瞬间降至冰点，司机尴尬地说："啊，那您结婚了吗？""结了。""那您跟丈夫商量了……""商量了。""哈哈，虽说各人有各人的活法……"他见我不再回答，便补充了一句："那我就不再多问了……"剩下的几分钟我内心充满了不悦和自责，我一直盯着仪表盘上方的照片，估计那是他孙子的照片。

在筹备这本书的过程中，我最好奇的就是住在首尔及首都圈以外尤其是小城市的丁克女性过着怎样的生活。所以我去江陵市采访了善雨。

善雨

我一坐上出租车，司机大叔们就会从"结婚了吗？"开始提问，接着就把话题转到"做丈夫的非常累"。我一般会跟对方说："看来您比我还了解我老公，他累不累我最清楚……”

善雨老家在江原道，大学离家来到了首尔，时隔十多年再次回到故乡，她说有一段时间她过得非常累。

善雨

你可以把孩子的话题看成认识对方的方式。先是问名字，下一步就会问：“结婚了没？有没有孩子？”所有的关系都是如此。平时我会去各处了解一些当地的传统文化。因为我们这里大都是老年人，所以他们看到年轻人都很开心。他们通常会问：“来干什么啊？”“不上班吗？”如果我回答准备休息一段时间，他们就会说：“看来是准备生孩子了。”我感觉在那个场合不太适合说是我不想生孩子，所以我会说“我丈夫不想要孩子”，他们会非常惊讶，觉得我的婚姻遇到了危机：“不生孩子可不行……”其实刚开始的时候我会如实跟他们讲，但是有一次他们让我“动手脚”（夫妻性生活中途，瞒着对方拿掉或损坏避孕套等避孕工具的行为），那之后我就觉得不能什么都说了。他们说：“那你瞒着丈夫也要怀啊。”自那以后如果有人问我“你们怎么还没要孩子”，我就会敷衍地说：“谁说不是呢。”

我也不免有些震惊，但是善雨说那些暗示她“动手脚”的人大多是一些上了年纪的女性，我听完一下就猜到了她们为什么这么说。到20世纪60年代，韩国女性运动的重要课题之一就是“废除纳妾制”。长久以来，男人们在两家之间“两头跑”并不只是周末狗血剧里的剧情，而是一个家庭里最平常不过的家事。直到近代，甚至当今社会，那些生不了孩子，尤其是生不了男孩的女人在父权制的笼罩下仍然地位低下，许多男人甚至会以此为借口理所当然地出轨。在农村地区，女性受教育程度低，难以获得经济独立，她们亲眼见证了许多事情。其结果就是，她们以自身经历作为衡量世界的标准并得出结论——这世上可指望的只有儿女，唯有生儿育女才能守住正室的地位，要想不被丈夫冷落，哪怕使出浑身解数也要怀上丈夫的孩子。

善雨

我公公婆婆在现在的地方定居快三十年了，大概是我丈夫上小学的时候搬过去的。他们家前后左右都是街坊四邻，每次我们夫妻俩一回去，大家就像去动物园看猴子一样“呼啦啦”地围过来看。这些都还能接受，但有一回我实在是受不了了。住在前院的大叔很爱喝酒，【采访者：这种邻居比较让人头疼。】他跑过来说：“哎呀，让我看看你怀孕了没！”边说还边摸我的肚子……（笑）当时我没控制好表情，整个人变得很严肃，脸色也不是很好。我公公婆婆还有他的妻子都被他吓了一跳，他妻子赶忙上去拍了他两下，边拍还边往外拉扯，他们回去的路上一直能听到妻子拍打丈夫的声音。以前还有街坊跟我说要是怀不上孩子就给我介绍好的韩医馆，但自打发生了那件事，就没什么人跟我提生孩子的事情了。因为长辈们觉得上次那件事非常失礼，所以大家都不敢再惹我们了。我觉得就因为在小城市才会发生这种事情，住在小城市又不生孩子的人真的过得非常艰难。

街坊四邻，有些人觉得这是家人一样的存在，有些人根本就想象不出那是怎样的一种关系。很多人想要和他人保持适当的距离，所以如果让他们在这种人与人之间关系亲密甚至毫无距离感的地区生活，那就相当于侵犯他们的个人隐私。对此进行佐证的还有在京，她从小生活在地方小城市，高中毕业来到首尔的大学后就一直生活在首尔，在京也认为城市和农村对不生孩子的看法有很大差异，对此她还补充道："虽说哪里都有'结婚了就要生孩子'的思想，但是首尔对不生孩子更包容些。"

善雨

光生完孩子还不行。可能因为这里是乡下，大家都很爱管别家的闲事。外甥八岁那年，我丈夫、姐姐还有外甥一起去吃饭，饭店老板问他们只有一个孩子吗，他们说是的，没想到老板说："再生一个呗，孩子妈还这么年轻。"真是永无止境的痛苦啊！我不知道要做到什么地步才不会被继续催生，所以我选择走自己的阳关大道。（笑）

采访善雨两个月后，我去统营采访了英智，这是我第一次去统营。英智是土生土长的釜山人，她和在统营某造船厂工作的丈夫结婚后，便搬到了统营。我本以为同属“釜山—庆南地区”的釜山和统营会离得很近，但看了长途汽车时刻表，原来从釜山到统营竟然需要两个半小时。最重要的是，两座城市的人口规模相差非常大，釜山人口约342万，统营约13万（截至2020年4月）。英智结婚前在一家高考补习班当老师，搬到统营以后才知道这里的补习行业并不成熟，没有像釜山那样发展出“补习班一条街”。英智本来想转行去媒体或是市民团体工作，后来在消费者合作社工作了六个月，如今经营一家书店，开办了写作班。

英智

我们婚后的第一个家就在紧挨着造船厂的小区，住在那里的女人都是三十多岁的宝妈。婚后从别的城市搬到统营或者巨济的女人基本都是丈夫在造船厂工作。在造船厂工作的丈夫和在家做家庭主妇的妻子，这样的家庭组合非常多。在统营，生三个孩子的家庭很常见，有的甚至生五个。在这种大环境下，不打算生育的我就显得有些奇怪。

对于地方城市来说，其经济支柱可以是一个产业，有时甚至是一个企业，外地人或许无法轻易理解这种概念。但听完英智的话，我想起了2004年出版的《现代家庭访谈录》，这本书的作者赵珠恩和现代汽车生产车间工人结婚后搬到了蔚山市，这本书记录了她婚后五年的经历，并且收录了对其他车间工人妻子的采访。

> ……工人家庭二胎生育率更高，这与他们的集体主义有关。现代汽车公司工人们的家属大多聚居在一个区域内，互相离得很近，因此发展出家庭文化同质化现象。这些女性家属住在有着同质文化的聚居区中，丈夫都在同一家公司上班，拿着水平相当的工资，于是她们也会尽力去适应并融入这里的生活。她们为了在生活上不和邻居们脱钩，无论是日常消费还是生活节奏，甚至生产和育儿观念都尽力保持一致。在聚居区的文化氛围中，某种程度上“生二胎”已经成为一种普遍现象，而新加入这个群体的女性认为生儿育女能够给自己带来幸福感，因此会自然而然地选择“生二胎”。[38]

虽说各地区的平均生育年龄不同，但不打算生育的英智还是会觉得自己“有些奇怪”，这是因为她作为摆脱了同质化家庭文化束缚的女性，觉得自己被群体冷落，因而有些焦虑。如果一个女人目前没有工作，而丈夫有一份相对稳定的工作，双方长辈又都很想要孩子，身边所有女性都选择了生儿育女，那么她很难找到什么不生孩子的理由。我很想知道为什么英智“正处于这种情况”却依然选择了不生孩子，以及她是如何守住人生底线的。

英智

我刚结婚的时候和婆家有许多摩擦，和丈夫的关系也不是很好。倒不是有人对我不好，但奇怪的是我觉得很累。按说有了新的家人，关系网更宽了，我该高兴才是，别人都说这是件值得高兴的事。【采访者：这太不像话了。骗人！】可我觉得很沉重，感觉不是很好。如果在这种情况下我生了孩子，那么将两家人连在一起的关系网就要以我为中心展开。而且我丈夫那边的亲戚们一直劝我把婆婆接过来同住，因为我公公走得早。“你婆婆孤单一个人太久了，反正你也在家闲着……”我才三十岁，那位不怎么熟的亲戚却把我叫过去说：“你们在避孕吗？这可不行啊。”但如果我生了孩子，这层关系就会更加牢固，总之不会削弱。而我也思考过很多次“到底什么是家人”。虽然现在不这样了，但这样的生活大概过了三年。所以那段时间我一直问跟我关系亲密的、认可我的朋友们：如果我生了孩子会怎么样？所有人都说以我的性格如果生了孩子会变得非常不幸福，说我适合维持现状。于是我想了很久，最后我得出的结论是：劝我生孩子的人都是些不了解我的人，而真正了解我的人都在劝我不要生孩子。

女性结婚后，会和毫无血缘关系的外人产生联结，成为“家人”。虽然男性也是如此，但想必我无须强调媳妇和女婿所需承担的责任完全不是一个重量级的。在父权制环境下，对于一个有孩子的女人来说，“某某的妈妈”是比她这个个体更为重要的身份标签。她们经常要帮忙照顾老人，又要面临自己的私人领域被侵犯的情况，这两者几乎是不可分离、同时存在的。如果说有101个不想生孩子的理由，那么我认为其中必不可少的一点就是和所谓的“家人”保持适当的距离，从这点来说我十分能理解英智的担忧。与此同时，我对于英智在经历过一段复杂的探索之旅后，如何在统营这个地方创造出自己的世界感到十分好奇。

英智

有些人会对我不生孩子这个想法感到不愉快，而我想要打造的空间不是针对这些人的，而是一个能够自由表达这些想法的空间，所以我从几年前就开始举办读书会。因为来参加读书会的大多是些与我想法类似的人或者外地人，所以现在我身边几乎没有发表攻击性看法的人。然而家长，尤其是小孩，他们的反应非常直接。小、初、高的学生都问过这个问题：“你都结婚十年了，为什么还没有孩子？”还有的孩子连续三年了一直在问我这个问题。在他们看来这是非常奇怪的事，他们从没见过这种家庭构成。而且不论是统营还是巨济的孩子，只要他们的妈妈每天在家做家务不去上班，他们就会说：“我妈妈在家闲着。”哪怕我给他们读一些有关家务分配或者性别平等的书籍，他们也很难理解，因为他们从没亲眼见过这种情况。所以这种时候我就会更加坚定明确地给他们讲我和丈夫的生活模式，我丈夫负责做家务，我负责赚钱养家。我是想告诉他们这并非奇怪的事情。

我推想英智的读书会应该不仅是为不生养孩子的问题寻求宽慰和理解的地方，而是一群想要脱离地区集体主义文化，以“个体”身份生活的人的社交场所。英智想要和所谓的“家人”保持距离，于是她和其他人结成了新的共同体，我很羡慕她的行动力。我甚至觉得她很酷，因为当她面对那些觉得自己不一样的孩子们时，她能够展示并帮助他们理解人生的“另一种”活法。

我在善雨身上也感受到了这种既不必屏蔽和自己不同的人，又可以进入另一个社交圈的行动力。

善雨

> 我身边的人要是说孩子的事，我基本上是听听就好，不放在心上的，我知道他们在担心什么，但我受不了不认识的人说这些东西，我会直接反驳：“哎呀，现在谁会说这种话啊，您说对吧？您莫非是想说教不成？您可不能说这些啊，我这儿媳妇可要跑了！”（笑）哪怕是在学习传统文化的地方，毕竟我已经待了好几年了，一般要是有人说些有违性别平等原则的话，我就会说：“哎哟，您说这话还了得。”我正在慢慢掌握更多说话的技巧。

我属于那种碰到讲不通的人就闭嘴的性格，善雨跟我不同，她能够很自然地敞开心扉，我甚至能清晰地想象到善雨在这种情况下会如何转换气氛。其实善雨回到家乡后受到过很多无礼的对待，也遇到过爱管闲事的人，所以她说想要离开江陵。但最终让她决定“生活在这里”的契机是她在首尔听的女性主义课程。如今她成了一名女性组织工作者，同时是一名女权主义者，她了解并热爱江陵的青年，她说希望能看到家乡改变的样子。

善雨

我对江陵有一种又爱又恨的情绪，因为我真的很喜欢这里的风景。这是一个很美丽的城市，自然环境非常不错。但我担心的是如果地区文化环境还是现在这个样子，那就很难引入年轻人才。因为这里的社会环境对年轻人的理解度很低，也不试图去理解，当然也没有什么相关政策。但是有的时候我觉得这个城市正在一点点改变，而推动这些改变的发生正是我想做的事情。

作为例子，善雨给我讲了从2017年推行至今的新婚夫妻居住费用补助政策。政策实施后，根据夫妻双方的收入每个月能够以全租房贷款利息和月租等名义，领取五万至十二万（约人民币250元到600元）不等的补助金。但有一个奇怪的条件——对男方的年龄没有要求，但女方年龄不得超过四十四岁。虽说这是人口持续减少的江原道地区为解决低生育问题而使出的苦肉计，但这个政策完整地展现了一种仅将女性视为生育工具的视角，因此我对于是否能将这里打造成让人“想要生活的地方”和让人“想要养孩子的地方”持疑问态度。而运营了三年的女性组织无论是观点方面还是制度改善方面都没有给这个地区带来什么变化。善雨夫妻俩正在以新婚夫妻的资格领取居住费用补助金，她表示：“我分明对这项政策的细节心知肚明，可我就是决定不生孩子了。”说完她会心一笑。尽管如此，我依然认为善雨正在将自己得到的“福利”回馈给她所居住的地区。

不要通过亲子真人秀学习育儿知识

○　　　　●

我在论坛上看到一条名为“情不自禁地说一句‘××是天使吗？’今日份生育病毒[39]”的帖子，其内容是KBS（韩国广播公司）的亲子真人秀节目《超人回来了》（以下简称《超回》）中的某个画面截图。《超回》是一档亲子观察类节目，节目中我们能够看到明星或知名运动员爸爸们如何照顾孩子、陪孩子玩耍，这档节目自2013年开办至今一直受到观众的喜爱。在这条帖子的截图中，一个七岁的小孩独自跑腿去买面包，他看到面包店门口的“爱心捐款箱”后问能不能把自己手里的烤地瓜捐进去。也只有孩子才有这种单纯的想法和温暖的心意了，但会心一笑的同时还有些担忧。从某种程度上来讲，“生育病毒”一词只是一句不走心的玩笑话，但是人们越是沉迷于电视里可爱、善良、不添麻烦的孩子，越是容易对现实生活里的孩子丧失耐心，我们要如何解释这种现象呢？

孩子不是天使，哪怕是十分听话的孩子也不是天使。我们回忆一下自己的童年就能知道这一点，看来大家都忘得很快。但是如果我们近距离去观察一个孩子就会明白一个事实：并不是说年纪小就没有欲望，反而是因为年纪小才无法自如地控制和表达欲望。或许大人觉得小孩麻烦是一件再正常不过的事情。我四五岁的时候，有一天拉着妈妈的手坐上了去奶奶家的公交车，在车里我一会儿嚷嚷着腿疼，一会儿晕车呕吐。一方面，我并不是一个很让人操心的孩子，也时常嘴甜到让人大吃一惊，或是做出让大人们感动的事情，但是另一方面我也会做出让人讨厌的行为，有时候还会贪心、任性。说实话，我们让任何一个四十岁的大人照顾七岁的自己，他都会觉得很烦。而我们在亲子真人秀节目中看到的小孩，是为了维持大人的好感而被剪辑成了可爱的样子。这就是为什么我希望大家真的只是把“生育病毒”这个词当成一个玩笑。

“真的会有人看完节目就想生孩子吗？”

柳林结婚前觉得《超回》里“三胞胎”的故事很有意思，但她依然对电视节目会让人想生孩子这一点感到不可思议。

柳林

我当时没有近距离地跟孩子接触过，也没有看过别人带孩子，所以觉得那些很梦幻。一方面我觉得“万岁”[40]很可爱，因为孩子们只在电视里出现，我什么都不用做。但是另一方面我在看节目的时候有一种疏离感，这让我有种想要进入那个世界的冲动。

婚后柳林通过表侄子的育儿过程了解到了真实的育儿世界，如今她非常清楚电视真人秀里的育儿过程和现实有多大的差距。

秀婉时隔多年回到韩国住在父母家，有一天看《超回》的时候秀婉跟妈妈说自己不生孩子，结果就引发了一场家庭大战。

秀婉

我说这话的时候没多想，但我母亲严肃地说："什么不生孩子，为什么不生？"然后就说个没完没了，后来电视也关了，我妈也哭了……我作为一个身心健康的人，从自己的成熟度、所处的环境、经济压力等现实方面阐述了我的理由，但我妈就很莫名其妙，她说："是你太自私，你生了就知道小孩有多可爱。"但是小孩可爱这件事是生孩子的结果，不是生孩子的理由啊。没想到我反驳之后她又说："别人家都能抱孙子，就我没有。"那天我很受刺激，我没想到我妈会如此莫名其妙地发脾气、使性子。但是事实上在我决定不生孩子之后，最让我遗憾的也是这个。每次爸妈看《超回》，他们都不认识里面的小孩，却还是一边说"哎哟哎哟，要摔倒了！哎哟"，一边喜欢得不得了，这时候我就会想，如果我把自己的孩子带过来，他们一定会非常开心。毕竟这孩子还是韩国人喜欢的混血儿。（笑）

秀婉之所以提到混血儿，还要追溯到她和丈夫开始恋爱的时候。

秀婉说："我丈夫是外国人，所以他们老说我们要是生个孩子一定很好看，这话让我产生了一种莫名的反感。他们虚构了一个根本不存在的孩子，上来就评价孩子的长相，还预言他好不好看。"

当然，像这种"祝福的话"，如果夫妻一方不是白人，根本就听不到。到目前为止，即2020年6月，某社交平台上关于混血儿的内容共有十九万条，而带着"混血儿模特"标签的帖子中的孩子大都是白皮肤，而且有着玻璃球似的圆眼睛。过去三年里，《超回》中最受欢迎的就数来自澳大利亚的综艺人萨姆·汉明顿和一位韩国女性的两个儿子。在这档节目中，孩子的所有瞬间似乎都是为了那句"好可爱"而存在，人们不停地称赞孩子的白皮肤和"西方"五官"好漂亮"。而这种内容出现在公共广播电视里，不禁让我觉得这似乎不应该是一个成年人做的事。不管怎样，这周的《超回》也拿下了同时段收视率第一，我无话可说。

其实拿"漂亮小孩"的形象做噱头这种事不只发生在电视节目中。2019年7月，某视频网站一位拥有六十五万粉丝的男性"吃播"博主上传的"吃播"视频中，他将重达十公斤的大王章鱼整条给了六岁的双胞胎女儿。[41]事后他删除了引起虐待儿童争议的相关视频，并上传了致歉信。而令我大为震惊的是，大部分自称"粉丝"的成年人一方面夸着孩子们长得很漂亮，另一方面帮助博主反击那些指责，还愤怒地表示"都是（指责视频有问题的）

杠精的错”。这些成年人仅对几个特定孩子的乖巧和可爱（隔着屏幕）投入自己的感情，那他们对于这些孩子或者是世上所有的孩子来说就真的是善良的成年人吗？

向非特定人群暴露孩子的日常生活和身份是非常危险的事情，首先恶意评论自不用说，甚至还会出现很多孩子们根本意识不到的问题，比如现实生活中的犯罪。儿童肖像权问题也慢慢地引发了激烈的争论。2015年播出的美剧《傲骨贤妻》第七季里有这样一个情节，一个男人将因自己的一组童年照片而成名的母亲和持有并展览这组照片的美术馆告上了法庭。他说这组未经同意就拍下的裸体照片早已广为人知，这让他在成长的过程中饱受痛苦，也侵犯了他的隐私，因此他希望美术馆能撤下这组照片。根据2019年的报道[42]，在法国，未经同意散播或在社交平台上传他人照片，将被处以四万五千欧元（约人民币31万元）的罚金和一年有期徒刑，这同样适用于父母将孩子的童年照片上传到社交平台的行为。

这让我想起了“国民孙子”，在他们还不懂什么是“同意”的时候，包括自己的洗澡和排便训练等极为隐私的模样，就已经被以视频和照片的形式展现在数百万观众面前，那么他们又该怎么办呢？我更加好奇的是，有多少大人会在意从他们进入青春期到成年的这个阶段里，这些东西会给他们带来怎样的影响。哪怕他们不是我的孩子，而我也不是这些孩子的粉丝，我依然担心这个问题。

当我得知英智和我有一样的想法，也很担心这个问题的时候，我非常开心能够遇到她。

英智

首先，我觉得让那些无法准确表达自己是否有参加意愿的孩子上节目并不合适。我曾经跟学生们说："如果小时候爸爸妈妈给自己拍的照片里面有不想给别人看的，一定要跟他们说不要传到社交平台上，并请他们从手机里删掉。别等以后打官司，让爸爸妈妈现在就删。"（笑）

对此我深表认同。

不去无儿童场所的理由

○　　　　●

有一天，我在想采访丁克女性要先从哪里开始，为了找到答案我加入了线上丁克论坛。我想知道的是："选择什么样的采访对象比较好？一个陌生人突然提出采访邀请，是不是显得非常奇怪？行动上要积极一些吗？"带着这些问题我开始浏览帖子。当我看到一个名为"无儿童场所推荐"的主题专区时，我感到有点儿吃惊。推荐的地方大多是咖啡厅，也有度假别墅和露营基地。

你可能会觉得奇怪，在这之前我从未想过没孩子的人会很自然地偏爱无儿童场所。因为我虽然能保证自己的家里没有孩子，但我觉得要想让家以外的地方都完全符合自己的意愿是不可能的事情。我喜欢一个人待在安静的地方，所以孩子对于我来说是种需要远离的存在。然而需要我忍受的不只孩子，还有遍布四周的许多无礼之人，有时候我也会成为他们中的一个。也就是说，从我走出家门的那一刻起，我的行动路径就一定会和孩子重合，这是不可避免的，除非是非常特殊的情况，所以我不刻意避免接触小孩。这也是我为什么尽量不去那些明确标注"禁止儿童入内"的咖啡厅和餐厅。

但几年前的我会怎么做呢？直到三十岁出头，我还会平白无故地、毫不掩饰地表现出对孩子的疏离。比如，我在地铁和餐厅等公共场所里看到孩子们大声喧哗，或是皱着小脸哭个不停，我都会抬头看看是谁在哭闹，有时候也会跟身旁的朋友表达自己的烦躁和不满。我倒不是有什么恶意，只是那个时候觉得自己有远离小孩的权利。有些人觉得女人生来就要喜欢小孩，就该生儿育女，而当我对他们说出“我对孩子没感觉”的时候，我的内心会产生一种解脱的感觉。我们这个社会制作出了一张“育龄女性地图”[43]，还将女性视为“预备妈妈”，因为这些刻板印象，我想要去理解和照顾别人家孩子的心意也不复存在了。

但是这么多年过去了，在亲眼见证了身边的朋友和姐姐的育儿经历之后，我真切地明白了孩子到底有多难管教。很多比我更正直、更有常识的人一旦带着孩子出门，就会做出令人瞠目结舌的举动。为什么在这里换纸尿裤？为什么不把发出声音的玩具拿走？这种时候我们需要换位思考才能找到问题的答案。首先，该场所没有给孩子换纸尿裤的地方；其次，如果拿走玩具，孩子会更大声地哭闹。之前熟悉的家人或朋友给我的印象，只是他在作为没有孩子的个体存在时维持的形象，从他成为孩子监护人的那一刻起，他的生活里就会出现许多自己也无法掌控的变数。

这些年我的另一个变化是，结婚后我不生孩子的信念越来越坚定。我认为生儿育女并不是我一生中必须做的事情，而是我不想做就可以不做的事情，下定这个决心一下子减轻了许多由生孩子产生的压力。现在我看到大吵大叫或是对父母纠缠耍赖的小孩，会换种思考方式：和长期守在孩子身边的监护人相比，我所感到的不适只是暂时的，这样我的心情就不会被噪声影响了。后来我没有继续浏览丁克论坛，但是关于无儿童场所，我和受访者们聊了很多。

利善

刚听说有无儿童场所的时候，我也很想去。感觉互相隔开是对双方都好的方式，但后来我了解到很多人因此被禁止入内或是遭到拒绝。我姐姐也说她有过这样的遭遇，从那时起我开始重新思考这个问题。我经常去咖啡厅，但并没有因孩子而感到不适的经历。而且我也有些怀疑，是否真的发生了许多孩子引发的问题。

说实话，我一下子也想不起来在咖啡厅或餐厅里因为小孩感到不适的经历。当然不可能完全没有这种经历，但没有什么比在星巴克里大喊点单的大叔更让人印象深刻的了。反倒令我怀疑的是一些标题为“记录一下没教养的熊孩子和不讲理的爹妈”的帖子，它们先是出现在内特版，继而扩散至各大论坛，这些帖子似乎想给那些没有经历过这些事的人造成一种“经历过”的错觉。通常我们只会把这种事当成不愉快的小插曲很快就忘了，然而一旦发到网上就会使他人间接地经历这件事。如果我们对儿童及其监护人（大部分是作为孩子母亲的女性）有了一两次成见，就很容易上升为对他们有不好的观感。著有《善良的差别主义者》一书的金智慧教授是这样说的：

> 人们更易关注和记住那些与自己的刻板印象一致的事实，从结果上来看，这些刻板印象会慢慢变成一种越来越难以改变的偏见。反而言之，那些与刻板印象不同的事实就很难引起人们的注意。[44]

素妍

我知道为什么会有无儿童场所了，因为没有孩子很省事啊，把孩子换成老人再想想看。如果人们想要屏蔽掉某种存在以打造“舒适”的空间，那么从他们认可这种行为的那一刻起，就已经突破了现代人的底线，我认为我们应该坚守这道底线。就好比无儿童区，要打造这种空间很容易，因为被差别对待的儿童没有任何话语权。所以我觉得我们的公共教育应该规划得更细致一些。

正如素妍所说，我们之所以会觉得方便是因为那些让人感到麻烦的存在消失了。就好比有些人会对残疾人人权运动投去愤怒的目光，甚至有的年轻人看到老人站在快餐店点餐机前笨拙地操作，还会长叹一口气。作为一个经常会在激烈的心理斗争后输给内心厌恶感的人，我认为人很容易产生厌恶心理，难的是互相体谅。我们很难一下子就理解和体谅与自己不同的存在，也不是说“体谅”了一次就能一直体谅下去。首先，我们要学会控制轻易产生的愤怒情绪，审视自己所拥有的社会权利，为了不突破人类的底线，有些东西也就只能选择承受。

如今江陵市越来越多的地方禁止儿童入内，这让善雨很是担忧，她苦笑着说：“我认为本质上他们厌恶的是除自己之外的所有人，这是自我与他人间的战争。”善雨的职业横跨残疾人和女性两个领域，她的这句话直嵌入我的内心深处。

“我有时候会想，到头来唯一不被这个社会边缘化、能够活下来的，是不是只有年轻健康的男性。”

我之所以反对无儿童场所，并不是因为喜欢小孩。尽管没有小孩的地方会让我感到舒服，但这并不代表我赞同社会随意地将孩子拒之门外。如今我和小孩待在一起依然会很累，但我正在努力不让自己说出那句“我对孩子没感觉”；在公共场所遇到大声吵闹的小孩，我也会有意识地控制自己不朝那个方向看。因为我现在明白了大多数监护人都会尽力让孩子保持安静，但其实家长和孩子的沟通并不总是那么顺利。可说起来英智和宝拉会积极地对待这件事，比如，她们在公共场合遇到喧哗吵闹或是危险地跑来跑去的小孩，会叫住他们并教育他们不能这么做，但我做不到。英智说：“人们老说养儿须得众人帮，这话说得好听，但真开始养孩子的时候人们又会视而不见。”这话让我的良心感到了一丝不安。

丁克女性的故事总是那么有趣，因为其中包含各种不同的经历和观点。但令我感到些许意外的是，关于无儿童场所允熙是这样说的：“说这话有点儿难为情……我觉得这主意还不错。”允熙并不会嫌小孩子烦，也能够好好地跟孩子们相处，这跟我不一样。我们刚认识的时候，她正在准备创业开咖啡厅，这期间还一边上咖啡师培训课程，一边在咖啡厅做兼职。这意味着允熙从多种角度、以多种角色体会过身处咖啡厅时的感受。

允熙

我自己去咖啡厅的时候，很反感那些大声喧哗的孩子，所以我觉得无儿童场所没有那么糟糕。这可能会引发家长们的不满，但如果换位思考一下，我们是不是也能够理解最开始为什么要禁止儿童入内呢？我想大多数商户应该不是自己拒绝孩子，而是因为客人们喜欢安静才不得不禁止儿童入内。

许多人不讨厌孩子，但他们认为禁止儿童入内是商户们的合理选择，允熙的想法与此不谋而合。我其实是那种就算遇到意见不同的人，也不会去说服对方、没什么行动力的胆小鬼。而且我与允熙见面又不是为了辩论，所以我并不打算反驳她，反而想再多听听她的想法。我给允熙讲了一个真实案例——2017年，国家人权委员会对位于济州岛的一家意大利餐厅提出了“不要禁止十三岁以下儿童入内”的建议。裁定书表示，不建议餐厅全面禁止儿童及其监护人入内，建议餐厅采用提前告知的方式，也就是在顾客进店前将安全注意事项和妨碍营业的具体行为告知对方，如对方有以上行为，餐厅有权限制其行为或要求其离场。

允熙

【采访者：我担心的是，我们在做的不是约束具体行为，而是让无儿童场所“常态化”，越是这样就越是会让人们理所当然地认为“孩子是个麻烦”。】原来是这样，我以为无儿童场所是和“一位顾客需点一杯饮品”的原则类似的东西。我真的遇到过五个顾客点两杯浓缩咖啡，又跟店员要了热水，然后兑水分着喝。（笑）大多数顾客不会这样做，但就是因为那极少数顾客，店里才会写上“一客一饮品”。说实话，带孩子的顾客确实会造成一些麻烦。首先，因为只有一位成年人，所以只能卖出一杯饮品；其次，孩子会制造很多垃圾，也会引起部分店主的反感。当然有的顾客会自行收拾好垃圾带走，还有的顾客会特意点两杯饮品，其中一杯打包带走，但问题是并不是每位顾客都会这么做。但听你这么说完，我们将孩子阻隔在外确实有点儿不合适。【采访者：话说让人头疼的顾客里面什么样的人都有，就好比有些大叔也挺招人烦的，但固有思维还是最先想到“孩子和（大部分的）妈妈”。】没错！话虽如此，可商家又不能做出“喝烧酒的顾客禁止入内”这种规定。（笑）

我在社交平台看到过首尔的一家咖啡厅放在店内每张桌子上的顾客指南，除了“一位顾客需点一杯饮品”这种家家都有的提示外，还多写了一段话：“请各位家长注意不要让您的孩子在店内奔跑或损坏店内的东西。”而令我印象深刻的是下一句话，这句话的提醒对象是没带孩子的顾客，上面是这么写的：“如果店内有孩子哭闹，请您注意不要使眼色提醒对方或是不断看向孩子；也请不要因为孩子可爱就抚摩孩子，即便是开玩笑也请不要呵斥孩子。如果您感到了极大的不方便，请您小声跟我们的工作人员说。”这里所释放的东西不就是帮助我们坚守现代人底线的力量吗？允熙为了咖啡厅选择了不生孩子，但她并不是毫无生育的意愿，我最后一次向她提出了我心中的疑问。

允熙

【采访者：如果将来你生了孩子，你带着他去咖啡厅，但是咖啡厅禁止儿童入内，你觉得会怎么样？】这……这种情况似乎不是太好。感觉把他领到门口以后又不能给他解释为什么不让他进，况且也不想解释。这样以后哪怕是没带孩子，也不是很想去咖啡厅了。（思考片刻）听了你的话，我改变了我的想法。直接将孩子拒之门外似乎不是很合适，我们可以换种方式，就好比这家咖啡厅通往二楼的台阶很陡，我们可以不将二楼设置为“无儿童场所”，而是友善地告知家长：“二楼很危险，请不要带孩子上去。”这种方式可能会好一些。

允熙见发车时间快到了，便起身开车将我送到了车站。一路上我们聊了很多，中间允熙突然说："今天聊天的过程中……我很开心能重新思考无儿童场所。本来我并没有那种意思，但这么看来真的是在区别对待一部分人。"听到这话，我再一次感到震惊，我震惊于一个人的想法竟然能如此平缓地发生改变。本来我并没有预想过能在聊天中改变一个人的想法，这令我有些惭愧。

采访已经过去几个月了，如今允熙正在经营一家很棒很温馨的咖啡厅。她的咖啡厅并不禁止儿童入内。

是否需要为丁克夫妻修订政策？

○ ●

我很晚才开通住宅约购综合储蓄账户，那之后我犹豫过两次要不要申请摇号认购。但在阅读业主征集公告的过程中，我越来越觉得精神恍惚，越读越觉得管它买房还是什么，此刻我只想就此罢休。看到公告里罗列的复杂数字和加分项目，我只觉得这和多年前我准备大学入学申请书时一样困难。我用渐渐变得模糊的双眼详细查看了这份公告，最后我得出了一个结论，虽然我们符合无房和收入低（泪水模糊了我的双眼）这两个条件，但是在这场战争中我们永远没有任何胜算。因为没有孩子。

如果发生优先供给名额和一般供给名额两者竞争的情况，按照以下方式选定中签者。

第一顺位：夫妻婚姻存续期间生育子女（包括怀孕和领养）且子女未成年

如果发生两者顺位相同（仅限第一和第二顺位）且住在同一区域的情况，按照以下顺位方式选定中签者。

1. 未成年子女（包括未出生的胎儿）更多的家庭

2.如果竞争家庭间的未成年子女（包括未出生的胎儿）数量相同，则采取摇号制度

我读的第一本有关无子女的书是由美国临床心理学家艾伦·L. 沃克所著的《没有孩子的完整人生》，书中的大部分内容我都深有同感，比如作者说没有孩子的人在生活中会感受到舒适、愉悦、冷落等情感，但也有一些内容我无法认同。在名为“因为没有孩子受到的区别对待”这章中，作者首先引用了他人的见解：“相比有孩子的家庭，没有孩子的人所享受的公共服务更少，却交了更多的税款。”然后又对此进行了一番补充：

> 虽说养孩子要花很多钱，但这是当事人怀孕前就该想到的事。自己选择了这种生活方式，就该为此负担相应的经济责任。无论是使用信用卡购物，还是养宠物，或者是生孩子，都是一个道理。既然已经为人父母，那么就不应该让其他社会成员承担自己孩子的托儿所费用。[45]

真的如作者所说吗？就此我问了受访者们这样几个问题：在住宅约购和退税等制度方面，是否觉得因为没有孩子会受到一定的损失？以及是否认为国家应该针对丁克夫妻出台相关政策？

利善

我从来没申请过住宅约购，因为我感觉我的积分不够，

所以我连试都没试。给有孩子的人额外加分是有它的道理的，因为有孩子的家庭需要更宽敞更好的房子，在孩子身上的开销也很大。换句话说，从我的角度来看当然觉得没有这种加分制度会比较好，但毕竟它是有需求的，所以我选择接受。就好比不是也给抚养年迈父母的人额外积分吗？这是一样的道理，这些人都需要给予更多的照顾。所以我并不觉得自己有什么损失。

利善还补充道："没有孩子的夫妻并不会因此在生活上有什么困难，所以倒也不必享受什么福利政策。"没错，虽说确实有生活困难的未婚独居者，也确实存在制度盲区，但丁克夫妻的状况又与他们不同。我的约购顺位比较低，虽然觉得遗憾，但并不冤枉。因为要想维持社会运转，需要一定程度的人口再生产，而我并未参与到这个过程中，因此少享受一些福利政策也是无可奈何的事情。在京也得出了类似的结论，但是她得出结论的原因有所不同。

在京

我觉得与其说是为了维持社会运转而进行的人口再生产，不如说养孩子这件事很辛苦，哪怕是最小限度的补偿，社会都需要给他们一些优惠政策。这不是因生育率下降而给予的援助，而是养孩子真的是一件很累的事情，只提供这一点儿优惠并不会将韩国变成适合养孩子的社会，所以我认为这是“最小限度的补偿”。【采访者：当前未婚者和已婚未育者有持续增多的趋势，许多企业都对已婚已育的员工提供了一些公司内部的福利政策，比如育儿假或子女教育费用支援等，你认为这些政策需要修改或是增补吗？】大家都知道育儿假并不是给人休息的假期，休假的人完全不是在休息，而是要面对另一种压力。我认为要想完善这个制度，就要认可各种不同的休假理由。我在容易批假和很难批假的公司都待过，我觉得如果一个员工想暂时去做点儿别的事情或是学点儿东西再回来，公司应该将这视为合理的理由并且准许员工休假。而且只要员工和公司解决好人力补充问题，公司应该允许员工无薪休假，这对公司来说也是种不花钱的福利啊！

在采访住在非首都圈的受访者时，我了解到每个地区的人对住宅约购的关心程度和买房压力都有很大关联。玟荷住在庆尚北道A市，我问她如何看待约购制度和赡养积分制，她是这样说的。

玟荷

我们都知道在首尔想摇中一套房子很难，我们这里不一样。我去年摇中了，但我没有认购就放弃了。

贞媛住在忠清北道B市，她也表示对约购没有太大的兴趣。

贞媛

自从我们搬到小城市，就不怎么考虑住宅约购的事了。相比之下我最近更担心自己的身后事。我读了有关“孤独死”的报道之后，感觉这件事离我很近。谁来操办我的葬礼？但我又不想给妹妹和外甥们添麻烦，我希望能有类似互助公司和保险的制度，来承接和死亡有关的一切业务。【采访者：你担心两个老人相依为命，也担心如果只剩下一个人，很难解决疾病、事故和死亡等问题。所以我觉得我们需要更积极地去讨论有关“尊严死”的问题。如果我们的社会能够保证一个人的死亡尊严，那么人们会不会更加信任社会，更愿意生孩子呢？即便如此，我们可能也不会选择生孩子。（笑）】我觉得大概是这种感觉：如果没有相应的社会保障，就算允许“尊严死”也不想生。（笑）

关于政府针对丁克夫妻出台相关政策，大部分受访者表示“没有思考过”或“不是很需要”。但这有可能是因为我们都处于二十四五岁到四十岁出头的阶段，人际关系、社会活动和日常生活方面没有太大的困难，目前为止还不需要什么特别“帮助”。利善补充道：“如果能够全面完善社会福利制度，那么没有孩子的人也能跟着享受到好的待遇。”我觉得很有可能无子女夫妇的困难，要等上了年纪以后才会显现，那样就会演变成老人问题，要想解决这些问题，我们的社会需要构建更加细致、普适性更高的福利体系。而我和贞媛突然聊到的“尊严死”问题的很多细节，也会随着时间的推移，逐渐成为人们热议的话题。

采访过程中最令我感到意外的是，关于政府对有孩子家庭的税收优惠和政策支援，没有任何一位受访者表示反对或是觉得它不恰当。而人们用以攻击丁克夫妻的诸多罪名之一就是："将来我们的孩子辛苦工作交的税款，竟然要拿来养这些自私自利的家伙！"对于经常看到这类攻击言论的我来说，这个现象非常有趣。

英智

我们没有需要赡养的家人，所以我丈夫年底退税的时候收到的返还税款确实不多，但我们并不觉得受到了很大的损失。反正一个国家得有人才能正常运转，养孩子并非易事，自然要给他们提供更多的福利和政策上的优惠。教了这么多年的书，对我来说这些孩子能健康成长就是天大的好事。将来他们会为构建稳定社会做出贡献，而我也能够享受到这些利好，所以我没什么不满意的。

在我们的社会中，并不是所有人都能贡献同样的生产力，也不是所有人都能得到同等的回报。艾伦·L. 沃克所说的"自己选择了这种生活方式，就该为此负担相应的经济责任"看似合理，但她首先忽略了一个现实问题，那就是并不是所有人在选择的时候都能获得同等的条件，其次她还忽略了孩子这个不可预测的存在。当然我也希望大家能够更加慎重地做出"选择"，但在那之前，我们所有人都有责任为新生儿创造更好的成长环境。所以我一点儿都不心疼自己交的税款用在了别人家孩子的教育和成长上，我也不介意自己的住宅约购顺位这辈子都不能恢复到正常水平。当然，或许还有恢复的可能性，所以我应该不会注销住宅约购账户……

在韩国，我们会迎来想生孩子的那一天吗？

○ ●

在韩国，我不生孩子的决心只会越来越坚定。还记得当未婚女性成为公平贸易委员长候选人，一名顶着国会议员头衔的男性在人事听证会现场公然打着生育率的旗号，义正词严地发出诸如“尽管本人出人头地是件好事，但也希望你能对国家的发展做出贡献”的长篇大论；某公司的面试官在招聘面试中以性别为由给女性面试者扣分，导致其落选，事后法院仅对该企业做出了区区几百万韩元的判罚；女性和儿童性剥削视频总是能够不停地变换传播平台进行交易，我们在被爆出的案件中发现观看者包括从小学生到孩子父亲的无数男性，而这些所谓的“平凡”男性又总是能够供职于大企业。这些事件就是让我一次又一次下定决心的根源。

如果有人问我是不是因为讨厌韩国才决定不生孩子，我会回答不是。我和圣珠一样，“就算生活在北欧也不会生孩子”。我之所以选择不生孩子，最大的原因是不想给自己的人生加上一道要长期进行育儿劳动的枷锁。生活在韩国，我很难找到生育的理由，就算找到了也总是会再次迷失。我刚认识在京的时候她跟我说的这段话也表达了同样的意思。

在京

我谈婚论嫁的那段时间发生了“世越号沉船事件”，虽然这不是我不生孩子的全部理由，却是让我再次下定决心的契机。当时我就暗下决心：“绝不生孩子。”

贞媛也表示自己对韩国社会有所质疑。

贞媛

我每次去见外婆，她都要跟我说“你一定要生孩子”，还说自己上了年纪就盼望着有一天能见到自己的重外孙。但我告诉她：“我无法保证我的孩子能够平安无事地长大，也不保证不会有白发人送黑发人的一天。”且不说“世越号沉船事件”，光是从每天都有人死在工作岗位上这事来看，我也不能百分之百确信有生之年能看到我的孩子健康平安地活着。

贞媛的一番话让我想起了那个叫金龙均的年轻人。2018年11月，二十四岁的金龙均死在泰安火力发电所，被发现时他已是四肢分离。2017年，在移动运营商LG Uplus下属企业客服中心工作的洪姓女子跳入了水库，被叫作“现场实习生”[46]的她死时还只是一名十九岁的高中生。许多年轻人在工厂、工地、地铁站台遭遇事故横死，还有的在工作中不堪折磨自我了结，每当看到这样的报道我都会想：如果我有了孩子，就凭我这些年攒下的微薄积蓄，能为他提供一个“足够”安稳的生活基础吗？在这个平均每天有2.47名劳动者死于事故的国家里[47]，我们的人生又有何保障可言？

在京

就连我的人生都如此艰难，每天都要鼓起很大的勇气生活，能给孩子的更是所剩无几，我所指的不只是物质。

在这个对弱者不友好的社会中，人们越来越害怕生育，每天都会产生新的担忧。宝拉的弟弟是个残疾人，他的残疾和遗传无关，但即便是微小的概率，宝拉依然十分担心自己将来会生一个有残疾的孩子。因为宝拉的母亲、宝拉和弟弟的经历告诉宝拉，韩国社会对残障人士并不友好。

宝拉

有一次，我在书里看到一个作者说他建议一位高龄产妇去做羊水检查，但是对方不仅生气地拒绝了，还反问道：“如果查出孩子有残疾就不生了吗？”最后产妇生下了一个非常健康的孩子，但如果是我，我能做到吗？韩国的残疾人福利制度并不健全，而人们对残障人士的态度也非常不好。再者，就算生出来的是一个健康的孩子，也有可能后天致残。生活在这片土地上这么多年，一个残疾的孩子会遭遇到怎样的事情我见过太多了，所以我不想走上那条充满未知的道路。其实我偶尔会跟丈夫讨论，如果我们去外国生活或许可以考虑生一个孩子。我丈夫说："或许在那个国家，哪怕咱们生一个残疾的孩子，也可以很幸福。"我说："虽然不知道那个国家是哪里，但你想的应该在北欧的某个地方吧？"（笑）他说反正不是美国，而是欧洲。

那个韩国之外的"某个国家"，可以是有着比韩国更健全的残疾人福利制度的加拿大，或者遍地都是"全职奶爸"的北欧的某个城市。智贤正在做移民加拿大的准备，到了加拿大可以没有压力地投入学习中去，同时她还给出了一个非常有趣的回答。

智贤

虽然我对孩子没感觉，但辞职以后我整个人都放松了不少，平日里见到孩子也能对他们笑或是帮他们开门了。我现在觉得要多了解一下弱者，所以正在慢慢改变自己的想法。但是从咱们国家的整体社会氛围上来看，我们不只是对孩子，对残疾人等弱势群体也抱有一种"待在家里别出门"的态度。如果他们乘坐公共交通出行就会很辛苦，因为大家都非常敏感。我似乎也是因此变得想远离小孩，我觉得如果大家能对孩子友好一点，我们的社会也能尽量减少怀孕和生育对事业的限制，那么"不生孩子"的想法可能会减少。如果我比现在年轻个五六岁，又获得了加拿大永久居住权，我会不会也选择生孩子呢……

我有时候觉得，在韩国成为一个母亲，随之而来的就是无数个审视自己是不是“妈虫”[48]的日夜。就我所看到的、听到的，一个令我感到震惊的事实是，无论是孕妇还是已为人母的女性，她们所经历的侮辱和威胁与我所经历过的是完全不同的程度。作为一个韩国女性，我已经无数次身处弱势地位，所以我不想给自己加上一项长期的育儿劳动，也是害怕陷入更加弱势的境地。比起孩子所带来的幸福，我优先考虑的是如何在这个社会中保护自己。

秀婉

新喀里多尼亚人很能生孩子。就像那句玩笑话“生孩子如抓娃娃”一般，他们随便就能生两三个孩子。

秀婉生活在南太平洋法属小岛新喀里多尼亚，这里2019年的总和生育率是2.14，在欧洲属于高生育率国家的法国的生育率是1.85，而同年韩国的总和生育率降到了新低0.92。

秀婉

这里的人们不会问他人“为什么不生孩子”，无论是职场还是社会，都没有那种让孩子妈妈感到不自在的文化。举个例子，这里的产假有十六周，最长可以申请三年的育儿休职假期。很多母亲会将四个月大的孩子交给托儿所托管，然后返岗。而咱们国家会用“三岁前的孩子需要由母亲带大”这句话来让女性感到自责，她们会因此动摇，或是因为找不到人看孩子，最终不得不在申请了一年育儿休职后选择彻底离职。但是在新喀里多尼亚，人们不会将这种压力施加给女性。我丈夫的很多同事都会带着刚出生的孩子来上班。她们会说：“今天保姆生病，我就把他带来了。”【采访者：如果孩子在办公室里哭呢？】大家似乎都不怎么在乎。他们公司还有一个女主管，会在周三陪孩子不来上班，相应地，也会少领一些工资。虽然不知道公务员能不能做工作调整，但整体上来看，这里的人们所想的育儿问题和韩国是完全不同的。

电影《82年生的金智英》中，金智英的丈夫郑大贤的女同事带着孩子来上班，当时我看到这一幕，瞬间替她捏了把汗。虽然我知道这是为了展现职场妈妈的不易刻意设计的情节，但我之所以会担心，是因为我知道如果这种事情发生在现实生活中，她会招来同事们愤恨的目光，光是想想就觉得很可怕，不被以“把办公室当托儿所的‘妈虫’”为标题发到内特版上遭到人们的怒骂就已经是万幸了。同样被那一幕吓到的秀婉是这样说的。

秀婉

要是我遇到那种情况，我宁愿缺勤被大家抱怨，也绝不会带着孩子去上班。因为很明显这样做的后果就是，很快整栋楼的人都会说我“真是没脑子”。

过去十四年，韩国为了应对“低生育”问题投入了185兆韩元（约人民币942亿元），即便如此还是成了经合组织成员国中唯一生育率不到1的国家，每当看到这种论调，我都会想起秀婉说过的话。

秀婉

相比“对孩子友好”的社会，新喀里多尼亚更像是一个“对妈妈友好”的社会。这是一个良性的循环。

人们将女性视为生育工具，不断地让生下孩子的女性产生罪恶感，甚至让她们承受许多损失，这样的社会自然会有越来越多的女性不想生孩子。那些或许会在别的国家成为母亲的女性，随着她们越来越了解在韩国成为母亲意味着什么，她们就会离生育这件事越来越远。在这个厌女情绪严重的社会中，在女性拒绝与男性婚恋的四不（不恋爱、不做爱、不结婚、不生育）时代，生育率下跌的趋势是否会更加迅猛？在女性得不到尊重、弱者享受不到平等权利的社会，我们可能会以比想象中更快的速度在这个世界中消失。

尾　　　　声

EPILOGUE ○ ●

在应对新型冠状病毒疫情、实施“保持社交距离”的这段时间里，我一直都在埋头写这本书。我之所以选择不生孩子是为了按自己的方式生活，但这个怪异的春天让我明白了所谓人生是绝不会只朝着我们计划的方向发展的。书虽然写完了，但是传染病的时代还没有结束，我也陆续从受访者那里得知，她们的生活正被这突如其来的疫情影响甚至动摇。她们说自己的生活节奏被打乱，重要规划无法施行，还有了新的烦恼，对此我感到遗憾，但我相信她们终会找到自己的应对方式。

我得到的并不只有坏消息。有的人得到了自己期待已久的工作，有的人爱上了刚出生的小外甥无法自拔，而我也好不容易在昨天小外甥生日时跟他打了视频电话。虽然实际情况是我的小外甥对我这个小姨根本不感兴趣，只留给了我一个背影（反而更好呢），但我竟觉得这次经历比想象中要好。我也终于鼓起勇气告诉姐姐：“其实我写这本书是因为当初你劝我生孩子。”姐姐听完事情的始末，大笑着说：“哦，你说那件事啊，咱妈让我劝你，我就照做了呗。当初咱妈跟我说：‘至恩说她不生孩子，你去劝劝她。’”

我的这段漫长旅程竟然是以这种方式开始的，我感觉有点儿失落，只能干笑，另一方面我又觉得轻松了不少。这段日子里，我因为姐姐一句无心的话，认识了许多丁克女性，听到了她们的故事，也得到了许多解开烦恼与疑惑的答案。哪怕没有（妈妈授意的）姐姐的那句话，我也很需要这些解答。我再一次感受到人生中就是会突然闯入一些未知的东西，然后突然改变一个人。

我非常想知道今后的日子里，我和受访者的人生将有怎样的发展，以及我们将如何看待现在所做的这个决定。更重要的是我希望将来她们无论做出怎样的选择都能够幸福，希望很久以后能够与她们重逢，聊聊各自的故事。如今我依然想继续认识那些决定不成为母亲，或是正在苦恼是否要做出选择的女性，倾听她们的故事。无论你在哪里，无论你在做什么，我都希望你此刻正过着没有烦恼和孤独的人生。

注　释

NOTES ○ ●

1. [韩]朴英珠等，《女性健康护理学》，贤文社，2017（第四版），316页。
2.《复仇者联盟2》中斯嘉丽·约翰逊扮演的角色"黑寡妇"回忆起自己在苏联情报机构受训时做过绝育手术的经历，把自己称为"怪物"。
3. 这篇文章被收入珍妮·赛佛编著的《超越母性：选择没有孩子的人生》（*Beyond Motherhood: Choosing Life Without Children*）一书。
4. [美]梅根·多姆，《最好的决定》，金秀敏译，贤岩社，2016，215页。
5. [美]梅根·多姆，《最好的决定》，金秀敏译，贤岩社，2016，218页。
6. 一人示威在韩国最早出现在2000年，后来这种示威方式逐渐发展成一人接力示威，也就是多个人轮流示威，或者是由最开始的一人到不断有新的人加入这场示威中。——译者注
7. 娃娃将才是最早出现于1145年由金富轼编撰的《三国史记》中的传说，讲的是天赋异禀的孩子招来灾祸，因此被父母杀死的故事。该传说发展到朝鲜时代，娃娃将才演变成了救世主般的存在，或是"不死的英雄"，表达了百姓对父母亲手杀死孩子的惋惜，以及对新社会和新秩序的期待。——译者注
8. 天使报喜是《圣经》中的典故，指天使向圣母马利亚告知她将受圣灵感孕而生下耶稣，出自《圣经·新约·路加福音》1：26—38。又名"受胎告知""圣母领报"。——译者注

9.《M》是1994年由MBC（韩国文化广播公司）制作，沈银河主演的纳凉特辑迷你剧。《M》讲的是未出生就被杀死腹中的男婴M将自己的记忆转移给了婴儿玛丽，玛丽一出生便被人们发现是恶魔般的存在，她为了向与堕胎手术有关的人们报仇，大肆传播埃博拉病毒，企图使人类灭亡。

10. 2019年4月11日，韩国宪法法院判定堕胎罪违宪，并宣布《刑法》第二百六十九条第一项和第二百七十条第一项将在2020年12月31日后失效。

11. 韩国《母婴保健法》第十四条（允许实施人工终止妊娠术的范围）第一项，有下列情形之一，允许在妊娠二十四周内实施人工终止妊娠术：

（1）从优生学或遗传学的角度来看，产妇本人或配偶患有精神疾病、身体疾病或传染性疾病的；

（2）被强奸或准强奸后怀孕的；

（3）法律规定不能结婚的同族或姻亲结合后怀孕的；

（4）妊娠会对产妇的身体健康造成严重影响的。

12. [澳]艾瑞卡·米拉尔，《终止妊娠：围绕再生产的情感政治史》，李敏京译，阿勒泰，2019，257页。

13. [澳]艾瑞卡·米拉尔，《终止妊娠：围绕再生产的情感政治史》，李敏京译，阿勒泰，2019，252页。

14. 这是韩国的一种按照自主理念培养学生的学校。——译者注

15. [美]艾瑞琳·休斯，《别拿孩子开玩笑》，崔珠妍译，初见图书，2015，7页。

16.《韩国日报》，朴善英，《36.5：只有我一个人准时下班》，2017年2月3日。

17. [美]劳拉·斯科特，《两个人就够了》，李文英译，巨书，2013，166页。

18. 法律热点，陈佳英记者，《佳缘婚恋公司：子女希望父母在结婚成本上给予多少资金支持？》，2020年4月22日。

19. 全税房是指租房时租客只需要缴纳一笔大额房屋押金（通常为房价的70%—80%），便可以零月租租住的房屋租赁形式。——译者注

20.《韩国日报》，李允珠，《避孕套反应女性需求……是时候打破“公开谈论即轻浮”的偏见了》，2019年1月22日。
21.[韩]野犬牙，《足下》，智慧之家，2019，107—108页。
22.[美]布里吉德·舒尔特，《不堪重负》，安真伊译，探索出版社，2015，44页。
23.[美]布里吉德·舒尔特，《不堪重负》，安真伊译，探索出版社，2015，47页。
24.暧昧实验室，韩秀熙编辑，《情侣N故事：他竟然穿着黑西服白袜子来了……婚后十年，我和丈夫考虑是否要丁克的理由》，2019年9月26日。
25.SBS（首尔广播公司）新闻，权爱莉，《采访资料：“米兰诺娜现象”，让我们对未来抱有期待的52年生张明淑》，2020年1月19日。
26.[美]劳拉·斯科特，《两个人就够了》，李文英译，巨书，2013，8页。
27.顶级课程，徐经理记者，《网漫〈婚姻危机〉创作者崔唯娜律师：你知道“80”后都是为什么离婚的吗？》，2020年1月28日。
28.发帖人××，《为既希望两个人都工作又想要孩子的男人准备的核对清单》，内特版，2019年12月23日。
29.《东亚日报》，金柚英，《2019韩国育儿费用计算器》，2019年2月22日。
30.《东亚日报》，金柚英，《孩子从出生到大学要花光一个上班族十年的年薪》，2019年10月10日。
31.[美]布里吉德·舒尔特，《不堪重负》，安真伊译，探索出版社，2015，184页。
32.艾尔社，张允静，《那些没休产假就辞职的女律师们》，2017年2月22日。
33.《法律新闻》，李顺圭，《女性律师五千人时代：仍然无法打破的“玻璃天花板”》，2018年9月20日。
34.怀孕排号制度是韩国部分企业或单位内部的生育潜规则，文中的事件指的是某医院以多名员工同时怀孕休产假会导致人手不足为由，要求负责同一个病区的护士们内部决定怀孕序号，按序号顺序生育。——译者注

35. [美]布里吉德·舒尔特，《不堪重负》，安真伊译，探索出版社，2015，119—121页。
36. [韩]赵南柱，《82年生的金智英》，民音社，2016，143页。
37. [韩]赵南柱，《82年生的金智英》，民音社，2016，144页。
38. [韩]赵珠恩，《现代家庭访谈录》，李家书出版社，2004，183—184页。
39. 生育病毒指让人看了想生孩子，或者是传染想生孩子的情绪的内容。——译者注
40. 三胞胎的其中一个，兄弟三人的名字分别是“大韩”“民国”“万岁”。——译者注
41.《中央日报》，郑恩惠，《“66万订阅”育儿博主的“大王章鱼吃播”争议事件……父亲道歉》，2019年7月15日。
42.《京乡新闻》，卢静妍，《视频网站里的孩子，真的没关系吗？》，2019年8月9日。
43. 韩国生育地图网是由韩国行政自治部于2016年12月29日上线的网站，该网站的目的是提供全国总计243个地方自治团体的生育统计数据和生育支持服务信息。然而在网站内进入各地方自治团体页面后，能够清楚地查看居住在该地区的育龄女性（15～49岁）的具体人数，这引发了社会的强烈批判，人们认为该网站将女性视为生育工具，因此该网站在上线一天后关停。
44. [韩]金智慧，《善良的差别主义者》，创作与批评出版社，2019，48页。
45. [美]艾伦·L. 沃克，《没有孩子的完整人生》，翠林出版社，2016，238—239页。
46. 现场实习生指的是韩国在由地区组织的社会项目里工作的学生，该项目旨在为学生提供职业训练机会，帮助学生从实际操作中获得工作经验，以此习得各种技能与知识。但自2011年开始实施该项目后，每年都有学生在实习过程中感到压力过大，甚至死亡。2022年由郑朱莉导演的《下一个素熙》便是以文中提到的“洪姓高中生死亡事件”为蓝本改编的电影。——译者注

47.《京乡新闻》，黄京相，《每天都有一个金龙均：每天有一人坠亡而死，每三天有一人卷入机器而死》，2019年11月21日。

48. 妈虫是结合英文“mom”和韩文“虫”的新造词，用于贬低无法管教在公共场合大声喧闹幼童的年轻妈妈，也用来贬低没有收入、专靠老公、在家里带孩子的全职妈妈。——译者注

图书在版编目（CIP）数据

成为母亲的自由 /（韩）崔至恩著 ；阚梓文译 . --
杭州：浙江教育出版社，2023.9
ISBN 978-7-5722-5988-3

Ⅰ . ①成… Ⅱ . ①崔… ②阚… Ⅲ . ①女性心理学－
通俗读物 Ⅳ . ① B844.5-49

中国国家版本馆 CIP 数据核字（2023）第 113223 号

成为母亲的自由
CHENGWEI MUQIN DE ZIYOU
［韩］崔至恩　著　阚梓文　译

责任编辑： 赵露丹
美术编辑： 韩　波
责任校对： 马立改
责任印务： 时小娟
出版发行： 浙江教育出版社
（杭州市天目山路 40 号　电话：0571-85170300-80928）
印　　刷： 河北鹏润印刷有限公司
开　　本： 880mm × 1230mm　1/32
成品尺寸： 145mm × 210mm
印　　张： 8.25
字　　数： 155000
版　　次： 2023 年 9 月第 1 版
印　　次： 2023 年 9 月第 1 次印刷
标准书号： ISBN 978-7-5722-5988-3
定　　价： 49.80 元

如发现印装质量问题，影响阅读，请与出版社联系调换。

在喧嚣的世界里，
坚持以匠人心态认认真真打磨每一本书，
坚持为读者提供
有用、有趣、有品位、有价值的阅读。
愿我们在阅读中相知相遇，在阅读中成长蜕变！

好读，只为优质阅读。

成为母亲的自由

策划出品：好读文化
监　　制：姚常伟
责任编辑：赵露丹
产品经理：程　斌
特邀编辑：程　斌
营销编辑：陈可心
装帧设计：左左工作室
内文制作：鸣阅空间